"十三五"国家重点出版物出版规划项目
国家发展和改革委员会、保尔森基金会、河仁慈善基金会资助
2014年度国家社科基金重大项目（14ZDB142）

国家公园与自然保护地研究书系

# 武夷山国家公园与自然保护地群落规划研究

杨 锐 赵智聪 庄优波 等著

中国建筑工业出版社

审图号：南 S〔2020〕3 号

**图书在版编目（CIP）数据**

武夷山国家公园与自然保护地群落规划研究/杨锐等著．—北京：
中国建筑工业出版社，2019.12
（国家公园与自然保护地研究书系）
ISBN 978-7-112-24530-7

Ⅰ.①武…　Ⅱ.①杨…　Ⅲ.①武夷山－国家公园－研究　②武夷山－自然
保护区－研究　Ⅳ.①S759.992.83

中国版本图书馆CIP数据核字（2019）第286236号

责任编辑：咸大庆　刘爱灵　杜　洁
责任校对：张惠雯

国家公园与自然保护地研究书系

# 武夷山国家公园与自然保护地群落规划研究

杨　锐　赵智聪　庄优波　等著

\*

中国建筑工业出版社出版、发行（北京海淀三里河路9号）
各地新华书店、建筑书店经销
北京建筑工业印刷厂制版
北京富诚彩色印刷有限公司印刷

\*

开本：787×1092毫米　1/16　印张：10　字数：179千字
2019年12月第一版　　2019年12月第一次印刷
定价：**99.00**元
ISBN 978-7-112-24530-7
　　　　（35161）

# 序　一

## 踏上国家公园体制改革新征程

自 1872 年世界上第一个国家公园诞生以来，由于较好地处理了自然资源科学保护与合理利用之间的关系，国家公园逐渐成为国际社会普遍认同的自然生态保护模式，并被世界大部分国家和地区采用。目前已有 100 多个国家建立了近万个国家公园，并在保护本国自然生态系统和自然遗产中发挥着积极作用。2013 年 11 月，党的十八届三中全会首次提出建立国家公园体制，并将其列入全面深化改革的重点任务，标志着中国特色国家公园体制建设正式起步。

4 年多来，国家发展和改革委员会会同相关部门，稳步推进改革试点各项工作，并取得了阶段性成效。特别是 2017 年，国家发展和改革委员会会同相关部门研究制定并报请中共中央办公厅、国务院办公厅印发《建立国家公园体制总体方案》(以下简称《总体方案》)，从成立国家公园管理机构、提出国家公园设立标准、编制全国国家公园总体发展规划、制定自然保护地体系分类标准、研究国家公园事权划分办法、制定国家公园法等方面提出下一步国家公园体制改革的制度框架。

回顾过去 4 年多的改革历程，我国国家公园体制建设具有以下几个特点。

一是对现有自然保护地体制的改革。建立国家公园体制是对现有自然保护地体制的优化，不是推倒重来，也不是另起炉灶，更不是对中华人民共和国成立以来我国自然生态系统和自然文化遗产保护成就的否定，而是根据新的形势需要，对保护管理的体制机制进行探索创新，对自然保护地体系的分类设置进行改革完善，探索一条符合中国国情的保护地发展道路，这是一项"先立后破"的改革，有利于保护事业的发展，更符合全体中国人民的公共利益。

二是坚持问题导向的改革。中华人民共和国成立以来，特别是改革开放以来，我国的自然生态系统和自然遗产保护事业快速发展，取得了显著成绩，建立了自然保护区、风景名胜区、自然文化遗产、森林公园、地质公园等多种类型保护地。但自然保护地主要按照资源要素类型设立，缺乏顶层设计，同一类保护地分属不同部门管理，同一个保护地多头管理、碎片化现象严重，社会公益属性和中央地方管理职责不够明确，土地及相关资源产权不清晰，保护管理效能低下，盲目建设和过度利用现象时有发生，违规采矿开矿、无序开发水电等屡禁不止，严重威胁我国生态安全。通过建立国家公园体制，推动我国自然保护地管理体制改革，加强重要自然生态系统原真性、完整性保护，实现国家所有、全民共享、世代传承的目标，十分必要也十分迫切。

三是基于自然资源资产所有权的改革。明确国家公园必须由国家批准设立并主导管理，并强调国家所有，这就要求国家公园以全民所有的土地为主体。在制定国家公园准入条件时，也特别强调确保全民所有的自然资源资产占主体地位，这才能保证下一步管理体制调整的可行性。原则上，国家公园由中央政府直接行使所有权，由省级政府代理行使的，待条件成熟时，也要逐步过渡到由中央政府直接行使。

四是落实国土空间开发保护制度的改革。党的十八届三中全会《中共中央关于全面深化改革若干重大问题的决定》中关于建立国家公园体制的完整表述是"坚定不移实施主体功能区制度，建立国土空间开发保护制度，严格按照主体功能区定位推动发展，建立国家公园体制"。建立国家公园体制并非在已有的自然保护地体系上叠床架屋，而是要以国家公园为主体、为代表、为龙头去推动保护地体系改革，从而建立完善的国土空间开发保护制度，推动主体功能区定位落地实施，使得禁止开发区域能够真正做到禁止大规模工业化、城镇化开发建设，还自然以宁静、和谐、美丽，为建设富强、民主、文明、和谐、美丽的现代化强国贡献力量。

2015年以来，国家发展和改革委员会会同相关部门和地方在青海、吉林、黑龙江、四川、陕西、甘肃等地开展三江源、东北虎豹、大熊猫、祁连山等10个国家公园试点，在突出生态保护、统一规范管理、明晰资源权属、创新经营管理、促进社区发展等方面取得了一定经验。同时，我们也要看到，建立统一、规范、高效的中国特色国家公园体制绝不是敲锣打鼓就可以实现的，不可能一蹴而就，必须通过不断深化研究、总结试点经验来逐步优化完善，在统一规范管理、建立财政保障、明确产权归属、完善法律制度等管理体制上取得实质性突破，在标准规范、规划管理、特许经营、社区发展、人才保障、公众参与、监督管理、交流合作等运行机制上进行大胆创新，把中国国家公园体制的"四梁八柱"建立起来，补齐制度"短板"。

为此，国家发展和改革委员会会同保尔森基金会和河仁慈善基金会组织清华大学、北京大学、中国人民大学、武汉大学等著名高校以及中国科学院、中国国土资源经济研究院等科研院所的一批知名专家，针对国家公园治理体系、国家公园立法、国家公园自然资源管理体制、国家公园规划、国家公园空间布局、国家公园生态系统和自然文化遗产保护、国家公园事权划分和资金机制、国家公园特许经营以及自然保护管理体制改革方向和路径等课题开展了认真研究。在担任建立国家公园体制试点专家组组长的时候，我认识了其中很多的学者，他们在国家公园相关领域渊博的学识，特别是对自然生态保护的热爱以及对我国生态文明建设的责任感，让我十分钦佩和感动。

此次组织出版的系列丛书也正是上述课题研究的重要成果。这些研究成果，为我们制定总体方案、推进国家公园体制改革提供了重要支撑。当然，这些研究成果的作用还远未充分发挥，有待进一步实现政策转化。

我衷心祝愿在上述成果的支撑和引导下，我国国家公园体制改革将会拥有更加美好的未来，也衷心希望我们所有人秉持对自然和历史的敬畏，合力推进国家公园体制建设，保护和利用好大自然留给我们的宝贵遗产，并完好无损地留给我们的子孙后代！

原中央财经领导小组办公室主任
国家发展和改革委员会原副主任

# 序  二

经过近半个世纪的快速发展，中国一跃成为全球第二大经济体。但是，这一举世瞩目的成就也付出了高昂的资源和环境代价：野生动植物栖息地破碎化、生物多样性锐减、生态系统服务和功能退化、环境污染严重。经济发展的资源环境约束不断趋紧，制约着中国经济社会的可持续发展。如何有效地保护好中国最具代表性和最重要的生态系统与生物多样性，为中华民族的子孙后代留下这些宝贵的自然遗产成为亟须应对的严峻挑战。引入国际上广为接受并证明行之有效的国家公园理念，改革整合约占中国国土面积20%的各类自然保护地，在统一、规范和高效的原则指导下构建以国家公园为主体的自然保护地体系是中共十八届三中全会提出的应对这一挑战的重要决定。

国家公园是人类社会保护珍贵的自然和文化遗产的智慧方式之一。自1872年全球第一个国家公园在壮美蛮荒的美国黄石地区建立以来，在面临平衡资源保护与可持续利用的百般考验和千般淬炼中，国家公园脱颖而出，成为全球最具知名度、影响力和吸引力的自然保护地模式。据不完全统计，五大洲现有国家公园10000多处，构成了全球自然保护地体系最具生命力的一道亮丽风景线，是地球母亲亿万年的杰作——丰富的生物多样性和生态系统以及壮美的地质和天文景观——的庇护所和展示窗口。

因为较好地平衡了保护和利用的关系，国家公园巧妙地实现了自然和文化遗产的代际传承。经过一个多世纪的洗礼，国家公园的理念不断演变，内涵日渐丰富，从早期专注自然生态保护到后期兼顾自然与文化遗产保护，到现在演变成兼具资源保护和为人类提供体验自然和陶冶身心等多重功能。同时，国家公园还成为激发爱国热情、培养民族自豪感的最佳场所。国家公园理念在各国的资源保护与管理实践中得以不断扩展、凝练和升华。

中国国家公园体制建设既需要与国际接轨，又应符合中国国情。2015年，在国家公园体制建设工作启动伊始，保尔森基金会与国家发展和改革委员会就国家公园体制建设签订了合作框架协议，旨在通过中美双方合作开展各类研究与交流活动，科学、有序、高效地推进中国的国家公园体制建设，提升和完善中国的自然保护地体系，实现自然生态系统和文化遗产的有效保护和合理利用。在过去约3年的时间里，在河仁慈善基金会的慷慨资助下，双万共同委托国内外知名专家和研究团队，就中国国家公园体制建设顶层设计涉及的十几个重要领域开展了系统、深入的研究，包括国际案例、建设指南、空间规划、治理体系、立法、规划编制、自然资源管理体制、财政事权划分与资金机制、特许经营机制、自然保护管理体制改革方向和路径研究等，为中国国家公园体制建设奠定了良好的基础。

来自美国环球公园协会、国务院发展研究中心、清华大学、北京大学、同济大学、中国科学院生态环境研究中心、西南大学等14家研究机构和单位的百余名学者和研究人员完成了16个研究项目。现将这些研究报告集结成书，以飨众多关心和关注中国国家公园体制建设的读者，并希望对中国国家公园体制建设的各级决策者、基层实践者和其他参与者有所帮助。

作为世界上最大的两个经济体，中美两国共同肩负着保护人类家园——地球的神圣使命。美国在过去140年里积累的经验和教训可以为中国国家公园体制建设提供借鉴。我们衷心希望中美在国家公园建设和管理方面的交流与合作有助于增进两国政府间的互信和人民之间的友谊。

借此机会，我们对所有合作伙伴和参与研究项目的专家们致以诚挚的感谢！特别要感谢国家发展和改革委员会原副主任朱之鑫先生和保尔森基金会主席保尔森先生对合作项目的大力支持和指导，感谢河仁慈善基金会曹德旺先生的慷慨资助和曹德淦理事长对项目的悉心指导。我们期待着继续携手中美合作伙伴为中国的国家公园体制建设添砖加瓦，使国家公园成为展示美丽中国的最佳窗口。

彭福伟　　　　　　　牛红卫

国家发展和改革委员会　　保尔森基金会

社 会 发 展 司 副 司 长　　环 保 总 监

# 前　言

## 一、国家公园体制建设背景

中国国家公园体制建设是生态文明制度建设的重要组成部分。2012 年 11 月 8 日，中国共产党十八大报告中指出："建设生态文明，是关系人民福祉、关乎民族未来的长远大计。面对资源约束趋紧、环境污染严重、生态系统退化的严峻形势，必须树立尊重自然、顺应自然、保护自然的生态文明理念，把生态文明建设放在突出地位"。2013 年 11 月 12 日《中共中央关于全面深化改革若干重大问题的决定》明确提出"加快生态文明制度建设，严格按照主体功能区定位推动国土空间的开发保护，建立国家公园体制"。

从 2015 年起，国家正式发文开始国家公园体制试点工作。2015 年 1 月，十三个中央部局办（国家发展与改革委员会、中央机构编制委员会办公室、财政部、国土资源部、环保部、住房和城乡建设部、水利部、农业部、国家林业局、国家旅游局、国家文物局、国家海洋局、国务院法制办）共同签发了《建立国家公园体制试点方案》（发改社会〔2015〕171 号）。其后，国家发展和改革委员会办公厅于 2015 年 3 月连续发布了《国家公园 2015 工作要点与实施方案大纲》（发改办社会〔2015〕445 号）《关于印发建立国家公园体制试点 2015 年工作要点的通知》（发改办社会〔2015〕707 号）和《关于印发国家公园体制试点区试点实施方案大纲的通知》（发改办社会〔2015〕708 号），指导具体工作。这四个试点文件中明确了北京、黑龙江、吉林、浙江、福建、湖北、湖南、青海、云南这 9 个省（市）为试点省市，各自开展国家公园体制试点，分别为八达岭、伊春、长白山、开化、武夷山、神农架、城步、玛多和普达措，试点时间为 3 年，2017 年底前结束。2015 年 5 月发布的《中共中央国务院关于加快推进生态文明建设的意见》明文要求"建立国家公园体制，实行分级、统一管理，保护自然生态和自然文化遗产原真性、完整性"。2015 年 10 月，《中共中央关于制定国民经济和社会发展第十三个五年规划的建议》发布，明确提出在"十三五"期间"整合设立一批国家公园"，说明中央已经明确国家公园体制试点工作会在"十三五"期间完成，中国第一批真正的国家公园应在"十三五"后期产生。

"建立国家公园体制"提出和"建立国家公园体制试点方案"颁布之后，10 个国家公园体制试点区建立，各地试点工作稳步推进。截至 2017 年 8 月，9 个省（市）的国家公园试点方案中有 7 处获批通过，包括福建武夷山、浙江钱江源、湖南南山、湖北神农架、云南普达措、青海三江源和北京长城。此外，新增了东北虎豹、大熊猫、祁连山 3 处试点，体制试点方案由中央深改组直接通过。

2017 年 7 月 19 日，中央全面深化改革领导小组审议通过建立国家公园体制的总体方案，强调："建立国家公园体制，要在总结试点经验基础上，坚持生态保护第一、国家代表性、全民公益性的国家公园理念，坚持山水林田湖草是一个生命共同体，对相关自然保护地进行功能重组，理顺管理体制，创新运营机制，健全法律保障，强化监督管理，构建以国家公园为代表的自然保护地体系。"这是首次在国家层面明确了中国国家公园的功能定位，国家公园是自然保护地体系的代表，应坚持生态保护第一、国家代表性、全民公益性三大理念。2017 年 11 月，党的十九大报告指出："构建国土空间开发保护制度，完善主体功能区配套政策，建立以国家公园为主体的自然保护地体系"，强调了国家公园在自然保护地体系中的主体性地位。

## 二、研究意义与理念

在生态文明建设和建立国家公园体制的背景下，选择具有典型性和复杂性的武夷山国家公园体制试点区为研究对象，整体研究武夷山地区的自然保护地，确定应纳入自然保护地体系的用地范围，确定武夷山国家公园的边界，并进行国家公园保护管理规划研究。通过武夷山这一典型案例，本研究试图探索中国国家公园的规划理论和技术方法。这将有助于国家公园体制在全国范围的进一步推广。

中国国家公园体制建设，旨在解决中国自然保护地碎片化规划与管理的问题，实现自然资源综合管理。作为中国自然资源集中分布区之一，福建武夷山地区是中国自然保护地管理的一个典型缩影。在武夷山地区进行国家公园体制建设试点，首先要明确拟建国家公园的空间范围。武夷山地区现分布着 8 处类型不同的保护地。这些保护地由不同政府部门分管，且各自的保护目标或功能定位也较为模糊。这些保护地尚未形成整体性的保护网络，也没有与地方经济发展形成良性互动。

根据《建立国家公园体制试点方案》的要求，试点区各类保护地交叉重叠、多头管理的碎片化问题应得到基本解决，并实现突出生态保护、统一规范管理、明晰资源权属、创新经营管理、促进社区发展的多重目标。完成试点要求将涉及众多利益相关方、多处保护地，以及现状调查、科学研究、政策制定等多方面内容。基于上述情况，本研究将整体考察武夷山地区的自然保护地网络，研究武夷山国家公园边界，并制定相应的国家公园管理规划。

通过武夷山这一典型案例，本研究还将探索中国国家公园规划理论和技术方法，这将有助于国家公园体制在全国范围的进一步推广。在理论研究方面，研究有望为国家公园的保护、规划和制度建设提供理论研究案例；在规划技术方面，本研究将探索我国国家公园的边界划定及管理规划的技术路线，为国家公园试点工作提供技术支撑；在政策方面，本研究成果可为制定我国国家公园试点的相关政策和制度设计提供案例研究基础。

本研究的理念主要有以下四点：从国家公园体制试点到生态文明示范点；从单个的国家公园到自然保护地群落；从无序竞争到合作共赢；以国家公园价值为核心依据。

第一，从国家公园体制试点到生态文明示范点。国家公园和自然保护地是生态文明建设的重要物质基础和先行先试区，应站在生态文明建设的高度，研究国家公园体制。

第二，从单个的国家公园到自然保护地群落。强调建立国家公园体制的同时，完善自然保护地体系，因此应统筹考虑保护地群落，通过重构各类自然保护地的定位、保护级别和利用强度，来建立自然保护地体系，实现各类自然保护地"各司其职"，形成"群落"，而非孤立片面的考虑单个国家公园。

第三，从无序竞争到合作共赢。强调各个自然保护地应统筹协调，加强合作共赢，避免交叉重叠和无序竞争。

第四，以国家公园价值为核心依据，应用分区（Zoning）、可接受的改变极限（Limits of Acceptable Change，LAC）、游憩机会谱（Recreation Opportunity Spectrum，ROS）、访客体验与资源保护（Visitor Experience and Resource Protection，VERP）等技术方法，细致处理好保护和利用的关系，以及保护地边界内外的关系。

## 三、研究对象与范围

　　研究对象是武夷山保护地群，即武夷山世界遗产地及周边的自然保护地，包括江西和福建武夷山国家级自然保护区、武夷山国家级风景名胜区、武夷山世界遗产地、武夷山国家森林公园、城村汉城遗址、九曲溪光倒刺鲃国家级水产种质资源保护区、武夷山东溪水库国家水利风景区、武夷山黄龙岩省级自然保护区、星村镇饮用水源地一、二级保护区等。武夷山保护地群范围内包括武夷山国家公园体制试点区，研究对象具有典型性和复杂性。研究内容在整体考察武夷山地区自然保护地的基础上，包括武夷山国家公园价值体系建构、武夷山自然保护地群与国家公园的定位、武夷山国家公园分区规划和武夷山国家公园专项规划。

　　研究范围包括武夷山市、武夷新区[1]、武夷山世界遗产地范围及其缓冲区、江西省武夷山国家级自然保护区。武夷山保护地群落所涉及的市县、乡镇、村的行政区划（图0）是社会经济研究范围，九曲溪上游流域和武夷山脉是生态研究范围。

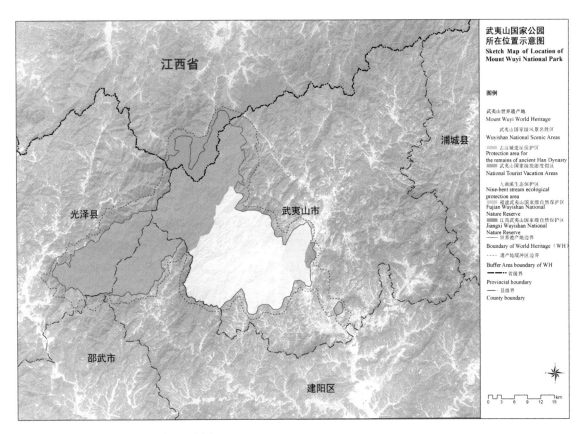

■ 图0　武夷山国家公园所在位置示意图

---

1　武夷新区是中国福建省南平市在2010年提出、2012年7月获福建省政府批准的一项城市规划项目，旨在将武夷山市和建阳市建设为组团式城市，成为闽浙赣交界区域重要中心城市。规划以两市的中间地带——武夷山市兴田镇和建阳市将口镇建设新城区，两市老城区为两翼，形成"一带三城六片"城市群。

研究开展初期，《武夷山国家公园体制试点区试点实施方案》尚未批复，本研究就试点方案中的部分内容进行了对比分析，出于行文通顺简洁考虑，将"武夷山国家公园体制试点区"一并简称为武夷山国家公园。

## 四、研究过程

清华大学杨锐教授团队在国家公园与武夷山世界遗产地管理规划方面已积累丰富的研究成果。在2012年的"世界自然遗产地保护管理规划规范预研究"课题中，研究团队对武夷山世界自然遗产保护管理相关规划编制与实施进行了实地考察和调研。2014年4月，清华大学杨锐教授团队接受国家发改委委托进行"国家公园体制专题研究"，通过实地调研、国际比较和专家访谈等，对国家公园体制建设的理论框架、内容构成、问题对策、行动计划等进行了多角度深入研究。相关研究成果已经参引选定中国国家公园体制试点省，福建省位列其中。

本研究是在上述研究基础上，对个体国家公园的规划探究。规划研究基本程序包括现状调研与分析、资源与价值评价、国家公园边界划定和功能定位、国家公园专项规划4个阶段。参与本研究人员包括杨锐、赵智聪、庄优波、廖凌云、马之野、彭琳、曹越、陈爽云，主要研究工作集中开展于2015年7月至2017年3月。另外，廖凌云于2018年6月完成博士论文《武夷山国家公园体制试点区社区规划研究》，其中部分研究成果也纳入本书中。

在研究过程中，项目组进行了充分扎实的实地调研。共开展7次实地调研，共8人参加，累计调研工作量为118天·人。实地考察了武夷山国家公园试点区的资源保护、旅游管理、社区管理等方面的现状，考察了江西武夷山自然保护区的现状。此外，还对武夷山市、武夷山风景名胜区、武夷山自然保护区相关部门进行了交流和访谈，实地调研情况详见下表。

实地调研情况汇总表

| 项目 | 调研人员 | 时间 | 调研内容 |
|---|---|---|---|
| "世界自然遗产地保护管理规划规范预研究"课题 | 庄优波　王应临　彭琳 | 2012.11.11～11.13 | 了解武夷山世界自然遗产保护管理相关规划编制与实施现状 |
| 清华大学"国家公园体制建设"课题 | 杨　锐　赵智聪　廖凌云 | 2014.7.21～7.24 | 实地考察，并与各保护地相关管理部门及其各科室人员进行了座谈，分别在福州市和武夷山市召开了两次座谈会。此外还对福建农林大学校长兰思仁教授进行了专题访谈 |
| 本研究 | 廖凌云　马之野 | 2015.7.28～8.20 | 实地考察自然保护区生态旅游设施建设、社区发展现状 |
| 本研究 | 杨　锐　赵智聪　曹越 | 2015.10.25～10.27 | 与武夷山市各部门交流，与福建农林大项目团队交流，实地考察风景名胜区、闽越王城 |
| 本研究 | 廖凌云 | 2015.10.25～11.11 | 武夷山市各部门资料收集、遗产地村落田野调查、村部访谈 |

| 项目 | 调研人员 | 时间 | 调研内容 |
|---|---|---|---|
| 住建部，世界遗产专家委员会，世界遗产考察评估 | 曹越 | 2016.3.25～3.27 | 实地考察江西武夷山资源和保护管理状况 |
| 本研究 | 曹越　廖凌云 | 2016.7.22～7.31 | 专项规划调研：实地考察国家公园试点区内的旅游、社区、茶文化景观专项内容 |

除实地调研外，本研究共访谈52人，包括武夷山市政府相关部门领导或负责人7人，保护地管理机构负责人5人，地方专家2人，星村镇、武夷街道办的乡镇村领导干部18人，村民20余人。访谈人员和主要内容摘录详见下表。

访谈汇总一览表

| 访谈人员类型 | 访谈人员 | 主要内容 |
|---|---|---|
| 市政府相关部门领导或负责人 | 武夷山市市长、副市长 | 对国家公园体制试点的意见和建议 |
| | 武夷山市发改委局长、副局长、主任 | 发改委对国家公园体制试点的建议；武夷山市十二五规划情况；武夷山市主体功能区建设方案情况 |
| | 武夷山市林业局负责人 | 武夷山市林地权属现状及对国家公园体制试点方案的建议 |
| | 武夷山市茶叶局局长 | 武夷山茶业发展现状和问题；违规茶园整治现状 |
| | 武夷山风景名胜区管委会主任、世遗局局长 | 对国家公园体制试点方案的建议；风景区管理体制现状问题；风景名胜区内武夷岩茶相关文化景观资源的分布与保存现状；景区茶文化解说教育现状和违规茶园整治现状 |
| 相关保护地管理机构部门负责人 | 武夷山自然保护区局长、社区科科长 | 对国家公园体制试点方案的建议；自然保护区管理体制现状问题；自然保护区社区管理的现状问题和已有经验 |
| | 古汉城遗址博物馆馆长 | 对国家公园体制试点方案的建议；博物馆管理体制现状问题 |
| 乡镇领导、村干部 | 星村镇：书记、副镇长；黄村村：村主任；曹墩村：村支书、文书；星村村：村主任、文书；程墩村：文书、村民代表 | 星村镇2014年社会经济发展状况；星村镇旅游发展状况；星村镇对国家公园体制试点的建议；各村的社会经济人口社会经济现状问题，与世界遗产地、风景名胜区管理机构的关系 |
| | 武夷街道：街道办主任、流通助理；黄柏村：村主任、村支书；天心村：村主任、村支书、文书；桐木村：村主任 | 武夷街道办2014年社会经济发展状况；武夷街道办对国家公园体制试点的建议；各村的社会经济人口社会经济现状问题，与世界遗产地、风景名胜区管理机构的关系；天心村与景区的矛盾；坳屯村的美丽乡村建设；吴奇村的清水鱼养殖产业发展 |

| 访谈人员类型 | 访谈人员 | 主要内容 |
|---|---|---|
| 地方专家 | 福建农林大校长兰思仁 | 对国家公园体制试点方案的建议；武夷山自然保护区的保护管理经验 |
| | 金骏眉制茶师傅梁俊德 | 对国家公园体制试点方案的建议；武夷山茶业发展的现状和趋势；保护区的红茶发展史 |
| 村民 | 桐木村、黄村村、程墩村、曹墩村、黄柏村的村民、茶企负责人等 | 村落的历史文化、茶业发展历史、茶企经营情况等 |

在此对于为本研究实地调研和访谈提供帮助的所有部门和个人表示感谢。感谢武夷山市政府、星村镇镇政府、武夷街道办事处等地方政府官员的沟通协调，感谢武夷山风景名胜区管委会、闽越王城博物馆、福建武夷山自然保护区管理局等保护管理机构的管理层领导对现有保护地管理经验和问题的总结以及对国家公园建设的建议，感谢接受访谈的村民对村落发展历史和对其需求、问题的描述，感谢地方专家对本研究的建议。

同时，本研究在国家发展和改革委员会社会发展司指导下展开，受保尔森基金会和河仁基金会支持与资助，在研究中多次召开专家研讨会，也得到国务院发展研究中心苏杨研究员等单位和专家的支持，提出了宝贵意见和建议。在本书付梓之际，向国家发展和改革委员会社会发展司、保尔森基金会和河仁慈善基金会以及各位领导和专家的指导、支持和帮助表示衷心的感谢。

需要指出的是，本研究主体成果于2017年完成，由于各种原因和条件所限，未能及时出版，时至今日，我国国家公园和自然保护地建设紧锣密鼓日新月异，本书涉及现状分析内容均已注明时限，所做研究也是基于当时情况和研究团队当时的认识，出版之时未能全面更新，一来考虑应真实反映基于当时情况的研究成果，二来作为一种研究探索，更在乎其技术方法层面的推演和尝试。因学识与时间有限，不当之处请读者批评指正。

# 目　录

第一章

# 武夷山自然保护地管理相关基本现状分析

# 1.1　自然保护地现状与问题分析

## 1.1.1　自然保护地现状

　　研究范围内共有6类自然保护地，包括自然保护区（其中国家级2处、省级1处）、国家级风景名胜区1处、国家森林公园1处、国家水利风景区1处、国家级水产种质资源保护区1处、乡镇饮用水源保护区1处。保护地的空间布局详见图1-1，其管理机构、类型与级别、面积、与世界遗产地的关系、与武夷山市主体功能区规划"禁建区"的关系、建立年代等信息详见表1-1。

**武夷山自然保护地一览表**　　　　　　　　　　　　　　　表 1-1

| 名　称 | 类　型 | 级别 | 面积（hm²） | 是否在世界遗产地范围内 | 是否在"禁建区"范围内 | 建立年代 |
|---|---|---|---|---|---|---|
| 福建武夷山国家级自然保护区 | 自然保护区 | 国家级 | 56527 | 是 | 是 | 1979，国家级 |
| 江西武夷山国家级自然保护区 | | | 16007 | 部分在遗产地缓冲区内 | 否 | 1981，省级 2002，国家级 |
| 武夷山国家级风景名胜区 | 风景名胜区 | 国家级 | 6850 | 是 | 是 | 1982，国家级 |
| 武夷山国家森林公园 | 森林公园 | 国家级 | 7418 | 是，在遗产地的九曲溪生态保护区内 | 是 | 2002，省级 2004，国家级 |
| 武夷山世界遗产地 | 混合世界遗产地 | 世界级 | 99975 | — | 部分 | 1999 |
| 九曲溪光倒刺鲃国家级水产种质资源保护区[1] | 国家级水产种质资源保护区 | 国家级 | 1200 | 是，在遗产地的九曲溪生态保护区内 | 部分 | 2012 |
| 武夷山东溪水库国家水利风景区 | 水利风景区 | 国家级 | 1830 | 否 | 是 | 2013 |
| 武夷山黄龙岩省级自然保护区 | 自然保护区 | 省级 | 4765 | 否 | 否 | 2015 |
| 星村镇饮用水源地一、二级保护区 | 饮用水源地一、二级保护区 | — | —[2] | 是，在遗产地的九曲溪生态保护区内 | 否 | 2009 |

1　数据来源：农业部办公厅关于公布第五批国家级水产种质资源保护区面积范围和功能分区的通知. http://www.moa.gov.cn/govpublic/YYJ/201206/t20120611_2754572.htm.

2　一级保护区：取水口（N: 27° 38′ 40.1″；E: 117° 54′ 52.5″）上游1400m至下游100m的九曲溪河段（含引水渠）及其左岸外延50m、右岸外延至公路范围陆域。

二级保护区：取水口上游1400m再向上延长3000m的九曲溪河段水域及其左岸至一重山脊、右岸至公路（不含公路）范围陆域以及一级保护区水域左岸50m至一重山脊范围陆域（注：该处九曲溪指景区九曲溪上游）。

范围数据来源：http://www.wys.gov.cn/html/2009-07-30/326245.html.

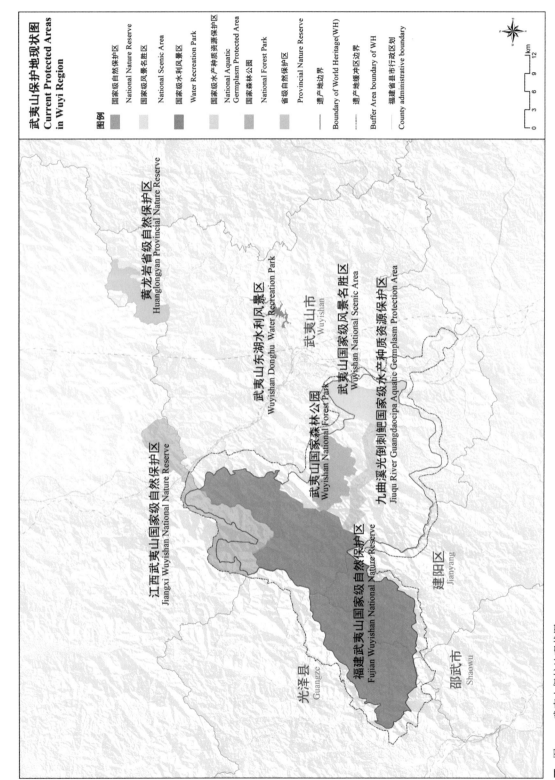

武夷山保护地现状图
Current Protected Areas in Wuyi Region

图例

| | |
|---|---|
| | 国家级自然保护区 National Nature Reserve |
| | 国家级风景名胜区 National Scenic Area |
| | 国家级水利风景区 Water Recreation Park |
| | 国家级水产种质资源保护区 National Aquatic Germplasm Protected Area |
| | 国家森林公园 National Forest Park |
| | 省级自然保护区 Provincial Nature Reserve |
| —— | 遗产地边界 Boundary of World Heritage(WH) |
| ······ | 遗产地缓冲区边界 Buffer Area boundary of WH |
| —— | 福建省县市行政区划 County administrative boundary |

0 3 6 9 12 Jkm

黄龙岩省级自然保护区
Huanglongyan Provincial Nature Reserve

江西武夷山国家级自然保护区
Jiangxi Wuyishan National Nature Reserve

武夷山东湖水利风景区
Wuyishan Donghu Water Recreation Park

武夷山市
Wuyishan

武夷山国家森林公园
Wuyishan National Forest Park

武夷山国家级风景名胜区
Wuyishan National Scenic Area

九曲溪光倒刺鲃国家级水产种质资源保护区
Jiuqu River Guangdaocipa Aquatic Germplasm Protection Area

福建武夷山国家级自然保护区
Fujian Wuyishan National Nature Reserve

光泽县
Guangze

建阳区
Jianyang

邵武市
Shaowu

图 1-1　武夷山保护地现状图

作为世界遗产地，武夷山满足世界自然文化遗产的标准 3、标准 6、标准 7 和标准 10。其中各项标准的陈述如下：（1）标准 3：武夷山是一处被保护超过 1200 年的绝美景观。它包含了一系列特别的考古遗址，包括公元前 1 世纪建立的汉城、一系列与诞生于 11 世纪的新儒学（理学）相关的庙宇和书院。（2）标准 6：武夷山是新儒学的发源地。新儒学（理学）的学说在东亚和东南亚的国家产生了持续几个世纪的重要且明显的影响，也影响了世界许多地区的哲学和政治。（3）标准 7：在东部风景区内，九曲溪（下游河谷）一带拥有着壮观的自然地貌，风景价值极为突出，裸露的红色岩石鳞次栉比，它们矗立在河床之上，高达 200 ～ 400m，共同构成了这 10km 河曲的天际线。古老的崖壁栈道在此处形成了十分重要的空间维度，能够使游客以鸟瞰的视角欣赏到整条河流。（4）标准 10：武夷山是世界上最突出的亚热带森林之一，这里拥有最大规模且最具代表性的原始森林，类型包括中国亚热带森林和中国南方热带雨林，同时具有很高的植物多样性。武夷山的作用就像是远古遗留植物物种的庇护所，它们之中大多数为中国独有，并且在全国范围内也十分稀少。另外，这里还拥有极其丰富的动物物种资源，包括相当数量的爬行动物、两栖动物和昆虫。

除上述自然保护地外，武夷山市现为省级历史文化名城，历史文物古迹现状分布众多。世界遗产地范围内以及周边邻近区域的文物保护单位数量：全国重点文物保护单位 5 处（城村汉城遗址、武夷山崖墓群、闽东北廊桥——馀庆桥、遇林亭窑址和朱熹墓）；福建省文物保护单位 9 处；武夷山市（崇安县）文物保护单位 33 处。此外，还有五夫历史文化名镇以及崇安镇南门古街、五夫镇兴贤古街、兴田镇城村、武夷镇下梅、洋庄乡大安和星村镇曹墩等 6 处具有保护价值的历史街区。在市域中还存有许多古树名木[1]。在非物质文化遗产方面，武夷岩茶（大红袍）制作技艺和枫坡拔烛桥是重要的非物质文化遗产。

## 1.1.2　管理现状与问题分析

武夷山保护地由多部门管理，生态系统被划分为不同区域，由不同的管理主体进行保护和管理，碎片化比较严重。除了自然保护区由福建省林业厅直管、闽越王城博物馆由福建省文物厅直管外，其他保护地同时接受地方政府行政管理和专业部门的业务指导。如武夷山风景名胜区的行政主管部门是武夷山市政府的派出机构——武夷山风景名胜区管委会，而市政府的林业、水利、环保、交通、国土和农业等部门按照各自的职责对风景名胜区内的相关业务进行管理和指导。管理机构的格局详见图 1-2，各管理机构的级别、性质和人员编制数量详见表 1-2。

1　资料来源：《武夷山市城市总体规划》说明书。

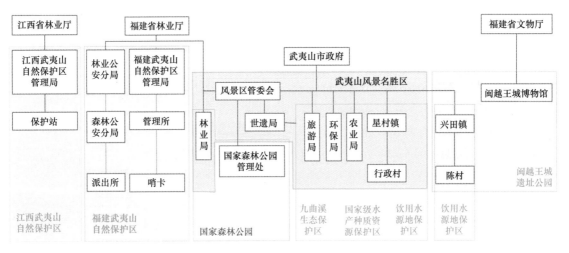

■ 图 1-2 武夷山遗产地范围内各自然保护地相关管理机构示意图

武夷山保护地管理机构一览表 表 1-2

| 自然保护地名称 | 自然保护地类型 | 管理机构名称 | 管理机构级别 | 管理机构性质 | 管理机构人员编制数 |
|---|---|---|---|---|---|
| 福建武夷山国家级自然保护区 | 国家级自然保护区 | 福建武夷山国家级自然保护区管理局 | 处级 | 参公事业单位 | 140 |
| 江西武夷山国家级自然保护区 | | 江西武夷山国家级自然保护区管理局 | 处级 | 参公事业单位 | 102 |
| 城村汉城遗址 | 全国重点文物保护单位 | 福建闽越王城博物馆 | 副处级 | 事业单位 | 33 |
| 武夷山国家级风景名胜区 | 国家级风景名胜区 | 武夷山国家级风景名胜区管委会 | 副处级 | 市政府派出机构 | 1800 |
| 武夷山国家森林公园 | 国家森林公园 | 武夷山国家森林公园管理处 | 副科级 | 武夷山国家级风景名胜区管委会下属事业单位 | 不详 |
| 武夷山世界遗产地 | 混合世界遗产地 | 武夷山世界遗产保护管理委员会办公室、武夷山市行政执法局世遗行政执法大队 | 不详 | 市政府下设办公室 | 不详 |
| 九曲溪光倒刺鲃国家级水产种质资源保护区 | 国家级水产种质资源保护区 | 武夷山市农业局 | 正科级 | 市政府相关部门 | 不详 |
| 武夷山东溪水库国家水利风景区 | 国家水利风景区 | 武夷山市水利局 | 正科级 | 市政府相关部门 | 不详 |
| 武夷山黄龙岩省级自然保护区 | 省级自然保护区 | 武夷山市林业局 | 正科级 | 市政府相关部门 | 不详 |
| 星村镇饮用水源地一、二级保护区 | 饮用水源地一、二级保护区 | 武夷山市环保局 | 正科级 | 市政府相关部门 | 不详 |

多部门交叉管理造成一些地区的开发利用强度较大，保护缺位问题比较突出，如武夷山风景区周边的旅游开发和建设用地扩张对景区内的生物多样性的影响，而划入世界遗产地范围内的九曲溪生态保护区保护力度较弱，违规茶山现象较严重。

此外，保护地各自的保护目标或功能定位不同，缺乏对武夷山整体价值的认识和保护，保护地的划建既缺乏足够的空间统筹，又未充分兼顾当地社会经济发展总体布局，因而未能形成有效的保护地网络，尚未实现对武夷山生态系统的整体保护。

## 1.2　社区社会经济现状与社区发展问题分析

### 1.2.1　社区社会经济现状

武夷山自然保护地群的社区不仅包括居住生活在保护地范围内的农村，还包括集体所有的自然资源所涉及的农村。由于武夷山自然保护地群落较大面积位于武夷山市范围内，在生态、文化、经济上与武夷山市关联性较大，所以本研究对社区与社会经济的考察主要关注两个层次：市县的社会经济，即福建武夷山市和江西铅山县的社会经济状况，以及保护地的社区现状，即武夷山世界遗产地和江西武夷山国家级自然保护区范围内和周边社区现状。

武夷山市辖 3 镇、4 乡、3 个街道、4 个农茶场、115 个行政村[1]，户籍总人口为 23.88 万人[2]。武夷山市的产业结构以第三产业为主，旅游经济发展稳定，交通运输业持续发展。2014 年武夷山市生产总值 123.77 亿元，人均 GDP 为 53812 元，地方公共财政收入达 8.44 亿元，城镇居民人均可支配收入 24865.9 元，农民人均可支配收入 12147.2 元[3]。武夷山市星村镇、武夷街道和兴田镇是保护地群所涉及的乡镇。星村镇全镇辖 15 个行政村和 1 个居委会，人口 23198 人，经济收入以茶叶、旅游服务为主。星村镇现有茶园 8.1 万亩，大小茶叶加工企业 1000 多家，年产茶叶 6 万担，年产值近 7 亿元[4]。武夷街道辖 12 个行政村，人口 22404 人，经济收入以茶叶、旅游服务为主，茶叶年产值近 5.6 亿。兴田辖 15 个行政村和 1 个居委会，人口 30521 人，经济收入以茶叶、粮食为主[5]。

武夷山世界遗产地涉及三市（武夷山市、建阳市、邵武市）、一县（光泽县）；其中武夷山市涉及星村镇、兴田镇两个镇、洋庄乡一乡、武夷街道 1 个街道办；共涉及 31 个行政村和 1 个居委会。其中，在世界遗产地范围内存在的居民点有 21 个行政村，人口在区外、区内有集体林地的有 10 个行政村、2 个农（林）场。村的空间布局详见图 1–3。

1　引自：武夷山市政府官网 http://www.wys.gov.cn/zjwys/。

2　引自：武夷山市 2014 年国民经济和社会发展统计公报，2015 年 2 月 2 日。

3　引自：武夷山市 2014 年国民经济和社会发展统计公报，2015 年 2 月 2 日。

4　引自：星村镇 2014 年年鉴。

5　人口数据为第六次人口普查数据，社会经济数据引自 2015 年 11 月各乡镇提供的资料。

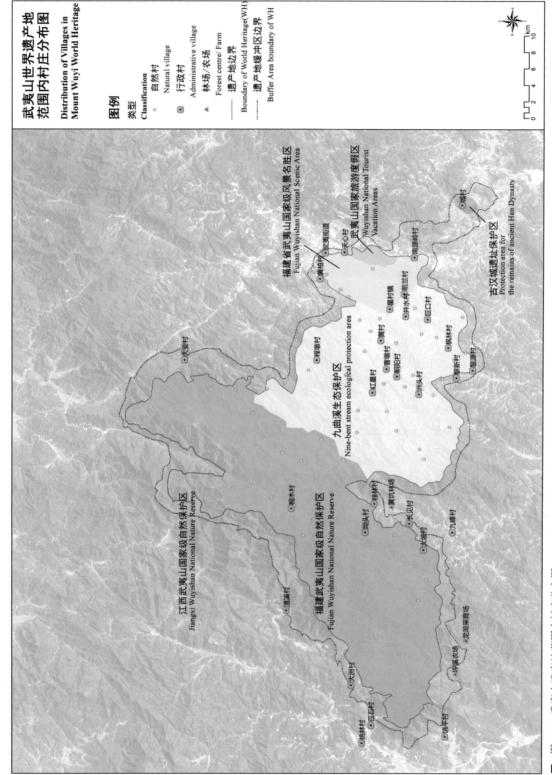

武夷山世界遗产地
范围内村庄分布图
**Distribution of Villages in
Mount Wuyi World Heritage**

图例
**Classification**

类型

○ 自然村
　　Natural village

◉ 行政村
　　Administrative village

▲ 林场/农场
　　Forest centre / Farm

—— 遗产地边界
　　Boundary of World Heritage(WH)

········ 遗产地缓冲区边界
　　Buffer Area boundary of WH

0　2　4　6　8　10
km

江西武夷山国家级自然保护区
Jiangxi Wuyishan National Nature Reserve

福建武夷山国家级自然保护区
Fujian Wuyishan National Nature Reserve

福建省武夷山国家级风景名胜区
Fujian Wuyishan National Scenic Area

武夷山国家旅游度假区
Wuyishan National Tourist
Vacation Areas

九曲溪生态保护区
Nine-bent stream ecological protection area

古汉城遗址保护区
Protection area for
the remains of ancient Han Dynasty

图 1-3　武夷山遗产地范围内村庄分布图

　　武夷山世界遗产地内居住人口约有 30577 人，居民点主要散布于九曲溪生态保护区、自然保护区的实验区、风景名胜区的非核心景区和古汉城遗址，九曲溪生态保护区的居民人口占总数的 76%。自然保护区内共有 31 个自然村，2794 人。九曲溪生态保护区内共有 80 个自然村，23198 人。风景名胜区内共有 11 个自然村，1930 人。古汉城遗址内有 1 个自然村，2560 人。风景名胜区在申遗期间将核心景区内对资源和景观影响较大的村庄居民点实行搬迁，共迁移人口 4000 多人[1]。自然保护区内的集体林地，除了属于保护区内社区居民外，还有部分集体林地所有者居住在保护区范围外，涉及周边 4 个县市、6 个乡镇、13 个村（场），居民 10694 人[2]。风景名胜区涉及星村镇、武夷街道、兴田镇等 3 镇，7 个行政村，3087 户，共 10420 人[3]。以上人口数据为在册登记的常住人口数，据实地调研所知，每年的春季采茶期间，武夷山自然保护地群范围内会涌入大量来自江西地区的帮工，平均每户茶农会聘用 10 名以上工人。

　　在土地权属方面，武夷山世界遗产地内的集体林面积所占比重较大。自然保护区的集体林占 60%，九曲溪生态保护区的集体林占 84.2%，风景名胜区的集体林占 80.9%。"两权分离"和"生态补偿"为主要的管理政策。自然保护区 1983 年开展了林权确权登记，林权、山权确权到户。实行"两权分离"管理的模式，即山林所有权归村集体，自然保护区拥有对林地的监督管理权。保护区内的所有林地为国家级生态公益林，平均补偿标准为 15 元 / 年·亩。风景名胜区核心景区的山林属于周边村集体所有，为解决山林权属问题，景区分别于 2005 年、2007 年和 7 个行政村签订书面协议和补充协议，明确了景区山林实行"两权分离"管理的模式，与自然保护区不同的是风景名胜区实行有偿使用，使用费标准以景点门票收入和山林 26 元 / 年·亩为基数。九曲溪生态保护区、城村汉城遗址的集体林为集体所有，未完全实行两权分离，管理权属于村集体。位于九曲溪生态保护区的武夷山国家级森林公园内的林地被划为国家级生态公益林，由风景名胜区管理。九曲溪两侧第一层山脊线内的林地被划为武夷山市级生态公益林，禁止砍伐树木和复垦茶山。

## 1.2.2　社区发展问题分析

　　由于历史原因，武夷山世界遗产地范围内有大量社区。保护地的生态保护与社区发展的矛盾在武夷山地区主要体现在以下 3 个方面。

　　第一，集体林权纠纷。由于林权涉及公益林补偿、茶业发展等利益，遗产地社区对集体土地或林地权属锱铢必较，权属纠纷是当地村委会经常需要调解的问题。自然保护区内各个村组的毛竹林地和茶园自按照家庭联产承包制调整后大都没有变动，区内社区居民人均占有毛竹林地和

1　数据截至 2014 年 8 月。来源：武夷山风景名胜区管委会。

2　数据截至 2015 年 8 月。来源：武夷山自然保护区社区管理科。

3　数据截至 2014 年 8 月。来源：武夷山市星村镇。

茶园不均衡，如人口增加的家庭土地没有及时补上导致人均占有土地过少。当毛竹林地和茶园的承包到期，如何调整毛竹林地和茶园的分配是村委会难以协调的难题，据了解目前还是维持现状。风景名胜区内的集体林尚未开展确权登记工作，据了解景区管委会担心确权后，景区内的茶园扩张无法控制。

第二，违规茶山开垦。九曲溪上游的违规茶山开垦得到了遏制，但引发了部分社会矛盾。丰厚的利润驱动一些茶农在重点保护地带偷挖山地种茶。比如在无人看守时，一次挖一点；有的先种茶后砍树，慢慢蚕食侵吞山地，扩大茶园。不少茶农每年重复翻垦施肥，铲除草木，导致表土裸露、疏松，破坏草木根系固土作用，造成梯壁坍塌，水土流失[1]。武夷山市人大常委会于2009年5月组织专项调研组，深入14个乡镇、街道、农茶场。调研组在调研中收集到不少资料：这些年，在主景区、九曲溪上游、小武夷公园等重要区域，即使是陡坡、山顶、脆弱地带等，都大面积毁林开山种茶，全市超过25°以上坡度的茶山达20%。武夷山市政府从2011年开始加大整治力度，依据2009年的遥感影像判读，对于违规开垦的茶山予以拔除，补种乡土阔叶树种。违规茶山的整治效果显著，但是引发了部分社会矛盾，如景区内禁止茶农翻新茶苗影响了茶农的生产活动，茶农对此表示不满。表1-3整理了近年与规范茶产业发展和茶山整治相关的政府文件。

1 何亚平. 武夷山：茶山乱象不再. 人民政坛[J]. 2010, (08)：35.

2 金文莲. 武夷山一壶茶. [EB/OL] 闽北日报. http://mbrb.greatwuyi.com/html/2013-01/09/content_3187.htm. 2013年01月21日.

3 批文详见: http://www.wuyishan.gov.cn/infoopen/inforead.aspx?id=81194.

4 批文详见: http://www.wuyishan.gov.cn/infoopen/inforead.aspx?id=76027.

5 批文详见: http://www.wuyishan.gov.cn/infoopen/inforead.aspx?id=157487.

6 批文详见: http://www.wys.gov.cn/html/2013-01-24/335969.html.

7 批文详见: http://www.wys.gov.cn/zfshow.aspx?Id=335932&ctlgid=23672472.

8 批文详见: http://www.wuyishan.gov.cn/infoopen/inforead.aspx?id=287243.

**2007～2014年与茶产业、茶山整治相关的政府文件一览表**　　　　　　　　　　　　　　　　　　　　　　表1-3

| 时　间 | 政府公文 | 主要内容 |
|---|---|---|
| 2007年 | 《关于茶产业发展的若干意见》[2] | 首次提出"严格审批，适度开发" |
| 2009年 | 《关于科学开垦茶园保护生态资源的通告》（武水保委〔2009〕01号[3]） | 划分了适度开垦区和禁止开垦区 |
| 2010年 | 《关于规范武夷山市茶产业发展若干意见》（武委〔2010〕24号[4]） | 提出"规范开发、规范生产、规范品牌、规范市场"，要求茶山开垦做到"山戴帽，腰绑带，脚穿鞋" |
| 2011年 | 《武夷山市治理违规开垦茶山专项活动方案》（武政综〔2011〕16号[5]） | 提出"对在禁开区开山种茶的应组织专项队伍拔除，并及时补种适宜树木，对毁林种茶者严厉打击" |
| 2012年 | 《关于进一步加强违规开垦茶山综合整治的通知》（武委〔2012〕7号） | |
| 2013年 | 《武夷山市人民政府关于下达2013年整治违规开垦茶山行动责任书的通知》（武政综〔2013〕10号[6]） | 以高压态势制止违规开垦茶山行为，给予整治经费，还将整治茶山任务列入乡镇、街道绩效考评中 |
| 2014年 | 《关于下达违规开垦茶山专项整治任务的通知》（武政综〔2014〕113号[7]）；《关于进一步加强和深化茶山整治工作的实施意见》（武政综〔2014〕118号[8]） | |

　　第三，违章建房，2008～2013年期间，由于茶产业扩张的需求，较多因茶致富的农户在现有宅基地上改扩建厂房和住房。风景名胜区和自然保护区内的建房需要经过乡镇政府和景区双重审批，而九曲溪生态保护区内建房只需要经过乡镇政府审批。调研发现，自然保护区内的农民自建房的层高多高于3层，建筑风貌与自然环境的协调性不足；九曲溪生态保护区内的违章建房现象较严重，曹墩村有一些房子未经过审批就在农田上盖起来了；风景名胜区内山北的村庄、国家旅游度假区的村民自建房数量大，且建筑风格缺乏控制，城市化严重。

## 1.3　其他重要社会经济现状

### 1.3.1　旅游发展

　　武夷山是福建省3大旅游核心之一、3大旅游集聚区之一；武夷山市是南平市的旅游发展核心。武夷山市提出树立武夷山"世界自然与文化遗产地"的品牌，构建以武夷山为中心的大武夷旅游网络，把武夷山市建设成为国际性的旅游城市；以武夷山为依托，带动全市各地旅游资源的挖掘开发和合理有效利用，构建武夷山市域综合旅游网络，促进全市旅游经济的全面发展。

　　近年来，武夷山市旅游经济发展稳定，旅游交通已初步形成网络，旅游服务体系日臻完善，游客满意度名列南平市第一名。武夷山旅游接待以武夷山主景区为主（包括景点、竹筏、观光车等），其他景区点包括清舟漂流、龙川大峡谷、下梅、青龙门、森林公园、古汉城、印象大红袍、龙井山、闽北革命历史纪念馆、武夷源和大安源景区等。

### 1.3.2　道路交通

　　武夷山市位于福建省西北部，东连浦城县，南接建阳市，西临光泽县，北与江西省铅山县毗邻。2017年，武夷山市已初步形成航空、铁路、公路为一体的旅游交通网，成为闽北立体交通网络中心。境内拥有国家一类航空口岸，武夷山机场现已开通境内外航线20多条；横南铁路武夷山段已开通20条运营线路，京福高铁武夷山北站和武夷山东站均已建成通车，浦建龙梅铁路项目武夷山段的规划研究工作已基本完成；南平至浦城、宁德至上饶、武夷山至邵武三条高速公路汇通武夷山市，浦南高速于 2008 年 12 月 24 日通车运营，宁上高速于 2012 年 12 月 31 日全线通车，武邵高速于 2010 年 11 月 15 日竣工通车。

福建武夷山国家级自然保护区管理局局址设在桐木村三港，距武夷山市、邵武市及江西省铅山县的公路里程分别为 65km、78km 和 98km。核心区无公路通过，交通闭塞。实验区、缓冲区交通较为方便，现有干线公路 3 条（皮坑至桐木关、三港至李家塘、玲珑至霞洋），总长度 47km；支线公路（林区Ⅲ级线、便道）10 条，82km；小路 23 条，185km。自然保护区道路情况详见图 1-4。

武夷山风景名胜区采用封闭式管理，通过开辟环山公路，将风景区与外部分隔，外来车辆除特殊批准一律不得进入景区。景区内部交通由风景区管委会统一组织，由环保车辆统一运送游客。

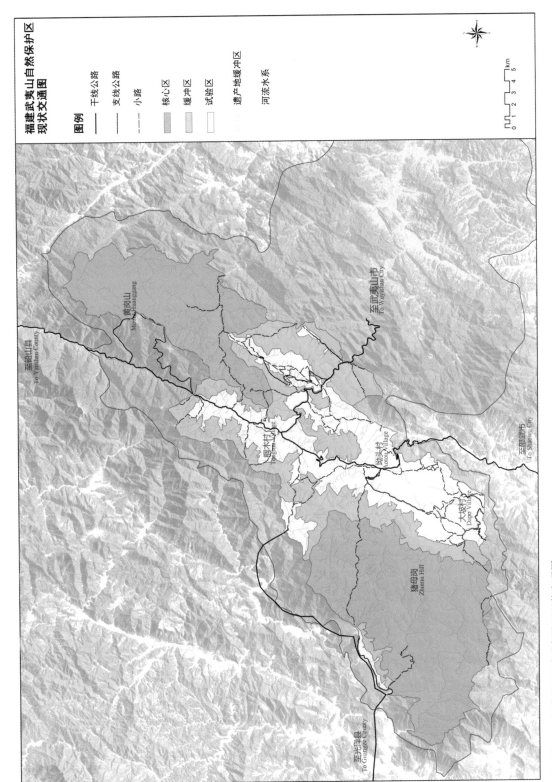

图 1-4 福建武夷山自然保护区现状交通图

# 第二章

# 武夷山国家公园价值分析

# 2.1　价值体系构成

　　本研究基于对武夷山国家公园的资源本底的综合调查和比较研究，构建了武夷山国家公园的价值体系框架。武夷山国家公园的价值分为存在价值与使用价值，使用价值依附于存在价值。

　　价值体系框架用于分类整理武夷山国家公园价值，分为存在价值与使用价值2个大类。存在价值包括地质地貌价值、生态系统价值、物种多样性价值、朱子理学价值、茶文化价值和审美价值共6类；使用价值包括游赏价值、人居价值、科研价值和其他价值等4类。

　　本研究认为，存在价值是国家公园所固有的价值，是不以人的意志为转移的一种本体价值，即武夷山的地质地貌、生态系统等6类价值是国家公园存在的基础，是需要保护的价值。而使用价值则是从人类利用的角度出发，国家公园所能提供给公众利用的功能，这类价值依附于存在价值，如果存在价值遭到破坏，使用价值也将不复存在。武夷山国家公园价值分析框架详见图2-1。

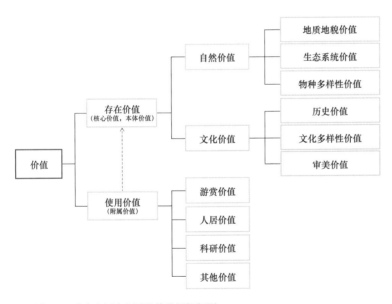

■　图2-1　武夷山国家公园价值分析框架图

　　需要指出的是，本研究提出的价值分析体系框架是针对武夷山国家公园提出的，是在价值分析过程中逐步产生的，诸如朱子理学价值、茶文化价值等类型具有明显的武夷山当地特征，他们都属于"文化多样性"价值范畴，为方便分析、比较并用于之后的规划研究，在价值体系构成阶段即单独列出。

在价值分析过程中，综合运用了比较研究、文献研究、访谈、实地调研等方法，其中比较研究是价值分析的核心方法。例如在生物多样性价值的比较研究中，通过文献调研和资料普查得知，武夷山自然保护区生态系统所拥有的物种多样性优势在全国范围内具有典型性和代表性。为了印证此结论，将福建武夷山与《国家级自然保护区名录》（截至2012年底）中主要保护对象包含"中亚热带森林生态系统"和"中亚热带常绿阔叶林"的国家级自然保护区进行横向比较。比较内容包括：高等植物种类，国家一、二级重点保护野生植物种类，野生脊椎动物种类，野生两栖动物种类，野生爬行动物种类，国家一、二级重点保护野生动物种类，以及野生昆虫种类等。同时，为了进一步增加比较过程的严谨性，还在比较对象中加入了武夷山国家级森林公园和部分福建省内的省级自然保护区。又如在朱子理学价值的比较研究中，通过提炼和综合世界遗产的价值阐述、历史学家的结论，采用历史研究、比较研究等方法来综合阐述朱子理学价值。论证过程包括两个层次：首先阐述朱熹的历史文化贡献，进而分析朱熹与武夷山的关系，从而阐明武夷山的朱子理学价值。以比较研究为例，比较了朱熹在不同地区生活的时间长短、朱子理学载体在不同地区的遗存数量，从而说明武夷山的朱子理学价值。

每一类型的价值分析包括四个方面的内容：其一，价值阐述，即整体上描述该类价值，也包括比较研究的基本结论；其二，比较研究，展示主要的比较研究过程，除了审美价值不便进行比较外，其他几类价值均进行了比较研究，审美价值则以定性描述为主；其三，完整性分析，即目前该价值的保护管理现状，是否满足价值的完整性要求，本研究对完整性的界定参考了世界遗产领域对完整性的定义，主要考察已有保护范围是否涵盖了所有价值载体，价值要素或相关要素是否全部被包含在保护范围内等方面；其四，干扰因素分析，即对价值及其载体产生负面影响或潜在威胁的因素，该内容是之后制定保护管理政策的重要依据。

## 2.2 地质地貌价值

### 2.2.1 价值阐述

武夷山地质构造复杂，地貌特质典型。它是我国丹霞地貌分布最广的东南集中分布区的重要组成部分，拥有最为典型的"晒布岩"等国内罕见的丹霞地貌。"华东屋脊"黄岗山海拔2158m，雄居华东南大陆之巅，是我国华东和华南地区（除中国台湾地区）最高峰。是闽、赣两省和闽江、长江水系的分水岭武夷山脉的部分，是福建闽江水系、江西信江水系的发源地之一。动植物化石丰富，是研究我国东部侏罗—白垩系地层及时代划分的典型剖面。

## 2.2.2　比较研究

### 2.2.2.1　武夷山是我国丹霞地貌分布最广的东南集中分布区的重要组成部分

武夷山丹霞地貌分布广，丹霞地貌类型时间跨度大，是我国罕见、典型丹霞地貌集中地之一，也是我国东南丹霞地貌集中分布区的重要组成部分。

丹霞地貌作为一种特殊的地貌类型，在中国多数地区都有分布[1]。根据地壳抬升速度、区域降水以及植被覆盖度等指标，按照分布数量与规模尺度，中国丹霞地貌可分成 3 个相对集中的分布区：粤、闽、赣、浙、湘、桂等省的南岭—武夷山—仙霞岭的弧形地带（东南区），云贵高原、川西高原与四川盆地的马蹄形过渡带（西南区），陇山周围、河湟渭谷地等 T 形分布（西北区）[2]。其中，武夷山所在的东南区是丹霞地貌分布最广的地区，共计 286 处，占全国丹霞地貌总处数的 42.8%，且单体规模大、形态类型多。

武夷山丹霞地貌区面积 61.33km²。南北长 18.5km，东西宽 1～5km，平均宽 3.32km。北起百花岩北缘，南至乌龟山南麓，东起饭罩岩（乳头山）东缘，西抵白云岩西南麓的后溪。武夷山丹霞地貌区包括溪南壮年、幼年丹霞地貌区、邓家山—下回老年丹霞地貌及河流阶地区、百花岩壮年晚期丹霞地貌区[3]。

选取我国典型的丹霞地貌群与武夷山丹霞地貌进行对比研究。对比对象为"中国丹霞"世界自然遗产——湖南崀山、贵州赤水、福建泰宁、江西龙虎山、广东丹霞山和浙江江郎山。对比项目包括分布面积、高差、丹霞地貌时期跨度。

湖南崀山位于资新盆地，在 66km² 中分布着所有发育阶段的丹霞地貌，其中以壮年早期和壮年晚期的地貌最为典型，从最高峰到最低点的高差为 516m；贵州赤水位于四川盆地，丹霞地貌面积达 1341km²，高差为 1510m，是 6 个遗产地中面积、高差最大的一处，分布着青年晚期为主的丹霞地貌；福建泰宁位于朱口—梅口盆地，分布有面积为 110km² 青年时期典型的丹霞地貌，高差为 713m；江西龙虎山位于信江盆地，丹霞

1　黄进. 中国丹霞地貌的分布 [J]. 经济地理，1999.19（增刊）：31-35.

2　齐德利，于蓉，张忍顺，等. 中国丹霞地貌空间格局 [J]. 地理学报，2005.1：41-52.

3　黄进. 武夷山丹霞地貌 [M]. 北京：科学出版社，2010.

地貌面积为 197km²，高差为 353m，分布有典型的壮年晚期和老年时期的丹霞地貌；广东丹霞山位于丹霞盆地，分布有面积达 168km²、高差为 567m 的壮年晚期丹霞地貌；浙江江郎山位于峡口盆地，全部为老年时期的丹霞地貌，面积为 6.1km²，高差为 654m。

武夷山分布着壮年早期、壮年晚期、老年期不同发育程度的丹霞地貌，总面积为 61km²，高差为 528m，以壮年早期的最为典型。较 6 个中国丹霞世界遗产地而言，武夷山地区的丹霞地貌在较小的面积、较小的高差中，分布有时间跨度较大丹霞地貌景观，仅次于崀山。武夷山与"中国丹霞"地貌类型、面积、海拔分布比较详见表 2-1、图 2-2 和图 2-3。

武夷山分布着大量我国范围内罕见而典型的丹霞地貌景观。武夷山是"晒布岩"和"泼墨岩"两种丹霞地貌景观的命名地。武夷山的晒布岩是平行小岩沟丹霞地貌中最为典型、奇特并且规模最大的，现在全国这种平行小岩沟丹霞地貌称为"晒布岩"[1]。黑藻作用下形成的"泼墨岩"这一名称也已经推广到国内的许多丹霞地貌地区。

**武夷山与其他丹霞地貌类型比较表**                                          表 2-1

| 名称 | 省份 | 盆地名称 | 红层名称 | 红层年代 | 发育阶段 | | | | |
| | | | | | 青年 | | 壮年 | | 老年 |
| | | | | | 早 | 晚 | 早 | 晚 | |
| --- | --- | --- | --- | --- | --- | --- | --- | --- | --- |
| 崀山 | 湖南 | 资新盆地 | 栏垅组 $K_1l$ | 早白垩世 | ● | ● | ● | ● | ● |
| 武夷山 | 福建 | — | 沙县组 $K_1s$，崇安组 $K_2c$ | 晚白垩世 | | | ● | ● | ● |
| 赤水 | 贵州 | 四川盆地 | 夹关组 $K_2j$ | 晚白垩世 | | ● | ● | | |
| 泰宁 | 福建 | 朱口–梅口盆地 | 崇安组 $K_2c$ | 晚白垩世 | ● | ● | | | |
| 龙虎山 | 江西 | 倍江盆地 | 塘边组 $K_2t$，河口组 $K_2h$ | 晚白垩世 | | | | ● | ● |
| 丹霞山 | 广东 | 丹霞盆地 | 丹霞组 $K_2d$ | 晚白垩世 | | | | ● | |
| 江郎山 | 浙江 | 峡口盆地 | 方岩组 $K_1f$ | 早白垩世晚期 | | | | | ● |

1　黄进. 武夷山丹霞地貌 [M]. 北京：科学出版社，2010.

红点 ●：该地以该时期地貌最为典型，黑点 ●：该地存在该时期地貌。

面积（km²）

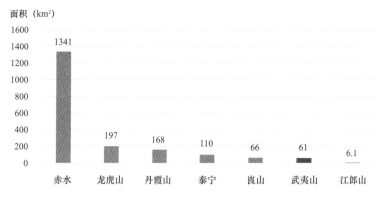

■ 图 2-2　武夷山与其他丹霞地貌面积比较图

海拔（m）

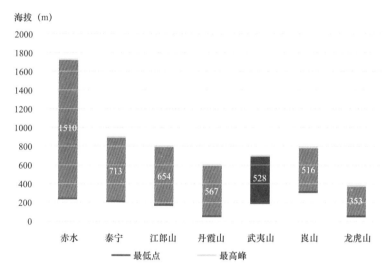

■ 图 2-3　武夷山与其他丹霞地貌海拔分布比较图

从"岩层倾斜对丹霞地貌发育的控制作用角度"在全国范围比较，武夷山是国内最典型的一处单斜丹霞地貌区。从"断裂及节理对丹霞地貌发育的控制作用"角度在全国范围进行比较，武夷山丹霞地貌受到节理、裂隙的影响普遍、深刻、典型，实为罕见。水流沿着多组节理或断裂下切侵蚀，形成一系列平直谷地。并且拥有罕见的大规模的圆弧状减压节理（九曲溪六曲与七曲之间的老鸦滩东北谷坡上）。九曲溪深切曲流深刻受断裂线控制，仓廪石至八曲（350° 走向断裂线），八曲至上城高岩（290° 走向断裂线），上城高岩至七曲（北北东走向），六曲至五曲（北北东），五曲至四曲（北西西），四曲之三曲（350° 走向断裂线，转向北东东），经三曲后，北北东断裂线至二曲，东西走向断裂线至一曲，影响之深，实为少见[1]。

#### 2.2.2.2　武夷山拥有"华东屋脊"之称的黄岗山

武夷山主峰黄岗山海拔 2158m，是江西省和福建省的最高峰[2]。黄岗山有"华东屋脊"之称，雄居华东南地区之巅，是我国华东和华南地区的最高峰。

武夷山脉是东南沿海山地的主干，东南沿海山地包括浙江、福建、广东和广西沿海一系列山地。从广西十万大山，向东展开的九连山、戴云山、武夷山、仙霞岭、括苍山、天台山等，这一系列山地高峰海拔都超过 1000m，具体海拔高度比较详见图 2-4。

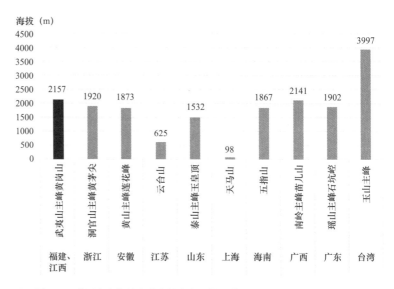

海拔（m）

■ 图 2-4　我国东南部最高峰海拔高度比较示意图

#### 2.2.2.3　武夷山是福建闽江、江西信江水系的发源地之一

武夷山脉是闽、赣两省和闽江、长江水系的分水岭。

闽江是福建省最大河流。闽江流域面积只有黄河的 8%，但年径流量为黄河的 2 倍多。因武夷山流域森林覆盖程度高，闽江成为我国悬移质含沙量最低的河流之一[3]。

建溪是闽江三大主支流之一，发源于武夷山脉主体，其中建溪主支流崇阳溪支流九曲溪发源于武夷山自然保护地。

另外，信江主支流之一丰溪发源于浙、赣两省武夷山北麓。

1　黄进．武夷山丹霞地貌 [M]．北京：科学出版社，2010．

2　改自中国地理．中国地形地貌概况 [EB/OL]．http://www.ziyexing.com/files-7/Geography/geography_03.htm．

3　杨奇成．中国河流水文 [M]．北京：科学出版社，1998．

#### 2.2.2.4　动植物化石丰富

武夷山地区发育了一套河湖相沉积，产有丰富的动、植物化石，是研究我国东部侏罗–白垩系地层及时代划分的典型剖面。[1] 典型化石产地有武夷山仙店坂头，所产鱼类化石有：中脐鱼（*Mesoclupea showchangensis*）；副脐鱼（*Paraclupea sp.*）；叶肢介（*Yanjiestheria sinensis–Orthestheria intermedia*）动物群分子；植物（*Cupressinoclaus sp.，B-rachyphyllum sp.*）等[2]。

### 2.2.3　完整性分析

#### 2.2.3.1　丹霞地貌完整性分析

武夷山丹霞地貌现状良好，完整性总体较高。其中壮年早期的丹霞地貌在遗产地保护范围内，受到《福建省武夷山世界文化和自然遗产保护条例》和《福建省武夷山景区保护管理办法》[3] 的保护，上述两项法规对地表、地貌和水土有严格的保护要求，限制了景区内的建设活动和游客行为，控制了改变地貌的活动。

但是，壮年晚期、老年期丹霞地貌和部分化石均处在遗产保护地范围外，面临较大的威胁。现有影像图资料显示，该地区已经开始了道路、房屋建设，并有扩张趋势，壮年老期、老年期丹霞地貌价值已受损。根据《福建省武夷山国家级风景名胜区总体规划（2013-2030）》（修编），该区域不属于风景区，并且在外围保护区之外，不受到保护，且规划有大面积的城市用地。在武夷山市《武夷新区城市总体规划 2010-2030》[4] 中，虽缩减了这部分的城市用地面积，但仍将有一定量的教育科研用地和公园用地、少量商业用地和居住用地分布，并有多条城市主干道穿过。丹霞地貌分布于遗产地的关系详见图 2-5。

提出丹霞地貌价值完整性保护问题，意在引起地质地貌在武夷山的受重视程度，控制并减少老年丹霞区的建设活动，并保证遗产地范围内丹霞地貌价值不受破坏。

#### 2.2.3.2　九曲溪流域保护完整性分析

武夷山世界遗产地范围包含了九曲溪全部流域面积，九曲溪流域与遗产地关系详见图 2-6。从目前已经制定的各项条例分析，各种可能的干扰因素可以得到有效控制，但各个保护条例的实施情况不同。九曲溪流域现涉及的自然保护地有武夷山自然保护区、九曲溪生态保护区和武夷山国家级风景名胜区，流域中还分布着国家一级、二级水源保护地、国家级水产种质资源保护区和国家森林公园。目前九曲溪水质良好，但对岸边村民生产建设用地的控制不力，使得流域完整性受到威胁。

1　武夷山申遗文本。

2　谢小敏等 . 浙闽地区下白垩统黑色泥岩沉积环境初探：微体古生物与有机地球化学证据[J]. 沉积学报，2010.

3　福建省人民政府令〔2005〕94 号 . 福建省武夷山景区保护管理办法。

4　南政综〔2012〕102 号 . 武夷新区城市总体规划 2010-2030.

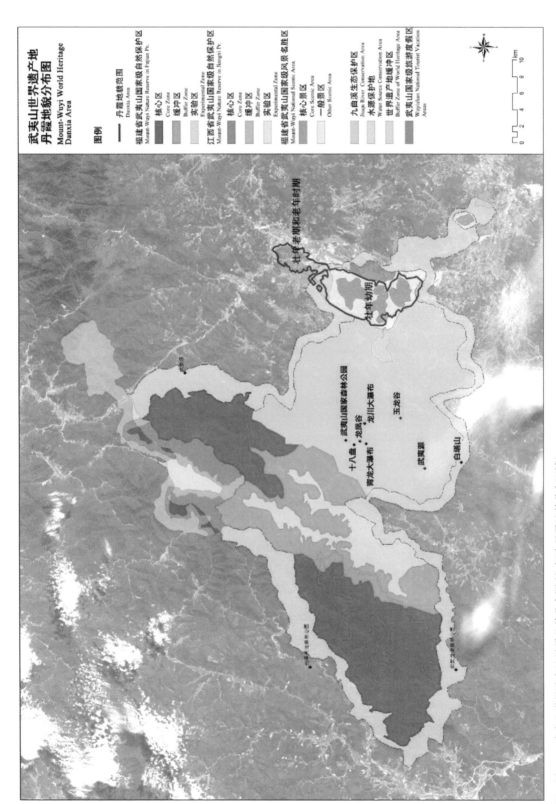

武夷山世界遗产地
丹霞地貌分布图
Mount-Wuyi World Heritage
Danxia Area

图例

—— 丹霞地镜范围图
　　 Danxia Area

福建省武夷山国家级自然保护区
Mount-Wuyi Nature Reserve in Fujian Pr.
　核心区
　Core Zone
　缓冲区
　Buffer Zone
　实验区
　Experimental Zone

江西省武夷山国家级自然保护区
Mount-Wuyi Nature Reserve in Jiangxi Pr.
　核心区
　Core Zone
　缓冲区
　Buffer Zone
　实验区
　Experimental Zone

福建省武夷山国家级风景名胜区
Mount-Wuyi National Scenic Area.
　核心景区
　Core Scenic Area
　一般景区
　Other Scenic Area

九曲溪生态保护区
Jinque River Conservation Area
水源保护地
Water Source Conservation Area
世界遗产地缓冲区
Buffer Zone of World Heritage Area
武夷山国家级旅游度假区
Wugishan National Tourist Vacation
Areas

■ 图 2-5　武夷山世界遗产地丹霞地貌分布图（红框为丹霞地貌分布区域）

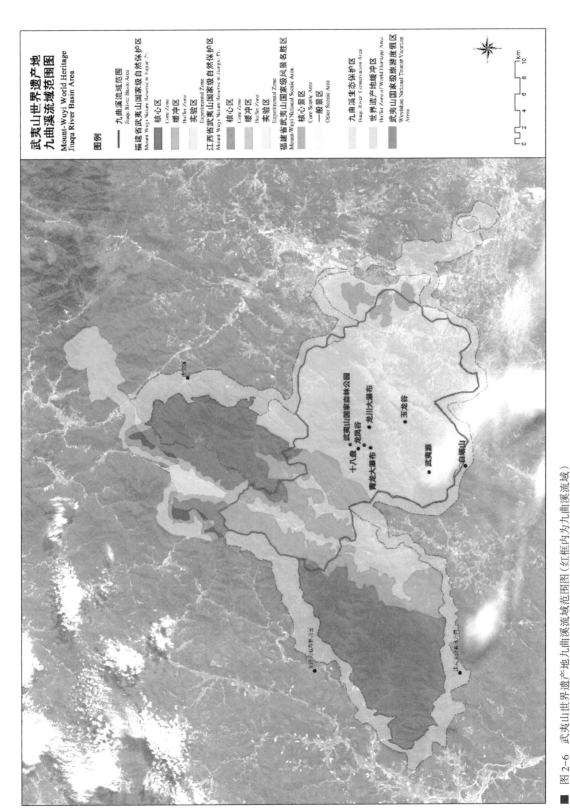

图 2-6 武夷山世界遗产地九曲溪流域范围图（红框内为九曲溪流域）

武夷山世界遗产地
九曲溪流域范围图

Mount-Wuyi World Heritage
Jiuqu River Basin Area

图例

— 九曲溪流域范围图
　Jiuqu River Basin Area

福建省武夷山国家级自然保护区
Mount Wuyi Nature Reserve in Fujian Pr.

　核心区
　Core Zone

　缓冲区
　Buffer Zone

　实验区
　Experimental Zone

江西省武夷山国家级自然保护区
Mount Wuyi Nature Reserve in Jiangxi Pr.

　核心区
　Core Zone

　缓冲区
　Buffer Zone

　实验区
　Experimental Zone

福建省武夷山国家级风景名胜区
Mount-Wuyi National Scenic Area

　核心景区
　Core Scenic Area

　一般景区
　Other Scenic Area

九曲溪生态保护区
Jiuqu River Conservation Area

世界遗产地缓冲区
Buffer Zone of World Heritage Area

武夷山国家级旅游度假区
Weyishan National Tourist Vacation
Areas

九曲溪水体本身为"九曲溪光倒刺鲃国家级水产种质资源保护区"，水质良好。依照《水产种质资源保护区管理暂行办法》，河岸改造、岸边排污与水岸农业生产受到了严格要求与限制[1]；靠近星村镇附近有国家一级、二级水源保护地，对九曲溪流域的水质进行严格监控[2]；在武夷山森林公园总体规划中，对旅游设施的排污均作出细致规划[3]，并对游客在森林公园内的行为进行管理[4]，确保对流域造成最小干扰。近 5 年内，曹墩桥水质检测站显示该区域内水质均达到Ⅰ类标准[5]，公馆桥（风景区下游，已不在流域范围内）达到Ⅲ类水标准。

村民不适宜的建设行为和生产活动导致森林覆盖率降低，水位下降。九曲溪流域中分布着 13 个行政村，80 个自然村。《福建省武夷山世界文化和自然遗产保护条例》明确要求，流域内的建设项目和建设活动需经武夷山世界遗产管理机构同意，方可申办审批手续[6]。但调研得知，该地区的村民小型房屋建设只需得到乡政府审批，在流域内尚存在一些违建房屋，对九曲溪流域的完整性造成威胁。

## 2.2.4　干扰因素分析

### 2.2.4.1　各类建设活动对丹霞地貌造成影响

丹霞地貌、黄岗山地貌景观价值对能引发改变地貌的各类建设活动较为敏感。建设分为大规模城镇化建设、市政道路建设和村民零散的建设活动。

大规模建设主要对壮年晚期和老年期的丹霞地貌区造成影响。目前，这一地区已有一定量文教建筑的建设。未来，对该地区现有的规划有《福建省武夷山国家风景名胜区总体规划（2013-2030）》和《武夷新区城市总体规划（2010-2030）》。若按照《福建省武夷山国家风景名胜区总体规划（2013-2030）》（修编）实施，则本区将建造新的文化创意产业中心，有面积较大的居住、商业、绿化、文化与公共设施用地，打造一个城市北部的商住组团，将对该区域丹霞地貌有较大威胁。若按照《武夷新区城市总体规划 2010-2030》实施，本区域不会作为城市副中心，而是以文教与公园用地为主，建设活动将覆盖该地区约 1/2 面积的丹霞地貌，相对影响较小。

在《武夷新区城市总体规划 2013-2030（修编）》中，将有数条城市主干道穿过壮年晚期和老年时期的丹霞地貌区，需在道路选线和施工方式上更为谨慎，尽可能降低对丹霞地貌的影响。

村民零散的建设活动主要集中在风景区内的 5 个村中，分布是星村村、前兰村、南源岭村、天心村和黄柏村，将对壮年幼期的丹霞地貌造成威胁。但因地处风景区内，建设活动需要经过世界遗产管理机构与乡

1　农业部. 水产种质资源保护区管理暂行办法. 2010.

2　（89）环管字第 201 号. 饮用水水源保护区污染防治管理规定. 2010 修正。

3　福建省武夷山风景名胜区管理委员会. 武夷山国家森林公园总体规划. 2005.

4　国家林业局令第 27 号. 国家级森林公园管理办法. 2010.

5　数据来自福建省武夷山市环境保护局。

6　福建省人民代表大会常务委员会. 福建省武夷山世界文化和自然遗产保护条例. 2002.

镇政府的审批，受到严格监控。

#### 2.2.4.2 开垦茶山、村镇建设对九曲溪流域造成干扰

闽江、信江水系发源地的森林覆盖率保证了水源的质量。降低森林覆盖率的活动，如伐木毁林、开垦茶山、建设房舍等是其最大的干扰因素。

九曲溪上游的自然保护区内，村民的生态保护意识较高，不存在过度种茶、违章建房的问题。但在九曲溪生态保护区内，尚存在违法垦山建房行为。2010年，武夷山市政府对违法建设、违法茶事生产、违法旅游业活动和违法工业加工业进行整治与清理[1]，现已初具成效。

#### 2.2.4.3 游人采集对动植物化石形成威胁

动植物化石除对建设活动较为敏感外，游客的采集和践踏也会对其造成影响。武夷山主景区年游客接待量约290万人次，尚未出现游客采摘动植物化石的现象。

其他地区的景区中，已出现游客采摘化石导致化石遗失、地质地貌价值受损的现象。在赣粤交界处龙南县小武当山风景名胜区中，因景区疏忽，未及时增添管理人员或禁止采摘的标志牌，大量依附在石壁上的海洋生物化石被游客挖走，留下凹印窟窿，对景区丹霞地貌的景观和地质价值造成了影响[2]。

武夷山风景区、遗产地保护区均尚未重视动植物化石的保护，未对游客与住民进行特殊的提醒与管束。在《武夷山景区管理条例》《福建省武夷山世界文化和自然遗产保护条例》中，均只有"禁止在建筑物、史迹、岩石、树木上涂改、刻划"，未特别强调禁止采摘动植物化石，留下了一定的隐患。

## 2.3 生态系统价值

### 2.3.1 价值阐述

福建武夷山国家级自然保护区拥有我国同纬度地区现存面积最大、保存最完整的中亚热带森林生态系统，具有中亚热带地区植被类型的典型性、多样性和系统性。

程松林等（2011）提出武夷山是江西赣江、抚河、信江和福建闽江的"生态水塔"，武夷山的生态质量和安全直接影响到江西、福建的可持续发展与生态安全[3]。

1 武政告〔2010〕23号. 武夷山市人民政府. 关于加强九曲溪上游环境整治的通告。

2 游步道边上的几处石壁化石竟遭游客采挖，留下凹印窟窿. 江西日报, 2014(11).

3 程松林，郭英荣. 构建中国武夷山生物多样性安全体系的设想 [J]. 北京林业大学学报, 2011, (S2):67-71.

#### 2.3.1.1 中亚热带森林带

在亚欧大陆东岸，由于受季风影响，夏季高温多雨、冬季稍冷，天然植被以常绿阔叶林最为典型，北部含有较多的落叶树种，我国秦岭淮河以南和南岭以北的广大地区属于亚热带森林带范围。

这一地区由于跨度大，气候条件南北差异明显，故在整个常绿阔叶林的范围里又分为北亚热带、中亚热带和南亚热带常绿阔叶林三个类型。其中，中亚热带常绿阔叶林则是最典型的类型。

中亚热带位于我国中部偏南，跨江苏、安徽、湖北等省的南部，浙江、福建、江西、湖南、贵州、四川、重庆等省市的全部或大部，以及云南、广西、广东的北部，向西延伸至西藏自治区喜马拉雅山南麓，地域范围十分广阔，面积约占我国陆地面积的 16.5%。

#### 2.3.1.2 生态系统服务功能

福建武夷山国家级自然保护区具有世界同纬度地区现存面积最大、保存最完整的中亚热带森林生态系统，森林覆盖率为 96.3%，是闽江上游主要溪流的发源地。

许纪泉等（2006）认为武夷山国家级自然保护区森林生态系统服务功能主要包括：涵养水源、净化水质、保持土壤、净化空气、调节气候、休闲游憩等，并使用市场价格替代法、机会成本法和影子工程价格法等方法进行了初步估算，得到森林生态系统的服务功能总价值为 13.34 亿元 / 年[1]。

王英姿等（2006）认为武夷山风景名胜区森林生态系统服务功能包括：涵养水源、保持土壤、固碳吐氧、净化空气、林产品产出、森林景观与游憩、保护生物多样性等，并采用物质量和价值量相结合的方法，运用影子价格法、机会成本法、替代花费法、收益资本化法等方法定量评价了武夷山风景名胜区森林生态系统服务功能的经济价值，得到结果为 2.02 亿元 / 年[2]。

### 2.3.2 比较研究

#### 2.3.2.1 自然保护区面积比较

根据中华人民共和国环境保护部所公布的《国家级自然保护区名录》（截至 2012 年底），对主要保护对象包含"中亚热带森林生态系统"和"中亚热带常绿阔叶林"的国家级自然保护区进行整理统计，福建武夷山国家级自然保护区面积位列第一。比较数据详见图 2-7。

福建武夷山国家级自然保护区的核心区面积为 292.72km²，在比较对象中亦位列第一。

1 许纪泉，钟全林. 武夷山自然保护区森林生态系统服务功能价值评估 [J]. 林业调查规划，2006. 31(6):58-61.

2 王英姿，何东进，洪伟，等. 武夷山风景名胜区森林生态系统公共服务功能评估 [J]. 江西农业大学学报，2006. 28(3):409-414.

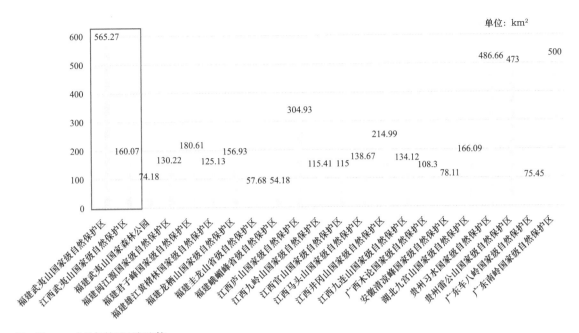

■ 图 2-7 自然保护区面积比较

## 2.3.2.2 自然保护区植被类型比较

根据环境保护部所公布的《国家级自然保护区名录》（截至 2012 年底），对主要保护对象包含"中亚热带森林生态系统"和"中亚热带常绿阔叶林"的国家级自然保护区进行整理统计，可以得到以下结论：福建武夷山国家级自然保护区拥有我国中亚热带地区所有植被型。

具体包括：常绿阔叶林、温带针叶林、暖性针叶林、温性针叶阔叶林、常绿落叶阔叶混交林、竹林、常绿灌木林、落叶阔叶林、落叶阔叶灌丛、灌草丛和草甸等 11 个植被型，以及 15 个植被亚型、25 个群系组、56 个群系、170 个群丛组。植被呈现出明显的垂直分布带谱，具有中亚热带地区植被类型的典型性、多样性和系统性，这在我国乃至全球同纬度带内都是罕见的。比较数据详见图 2-8。

## 2.3.2.3 价值比较方法小结

通过文献调研和资料普查得知，福建武夷山国家级自然保护区所拥有的中亚热带森林生态系统在全国范围内具有典型性和代表性，具体表现为保护面积和植被型完整度的优势。为了印证此结论，将福建武夷山与环保部《国家级自然保护区名录》（截至 2012 年底）中主要保护对象包含"中亚热带森林生态系统"和"中亚热带常绿阔叶林"的国家级自然保护区进行比较。在比较对象中加入了武夷山国家级森林公园和部分福建省内的省级自然保护区，比较对象详见表 2-2。

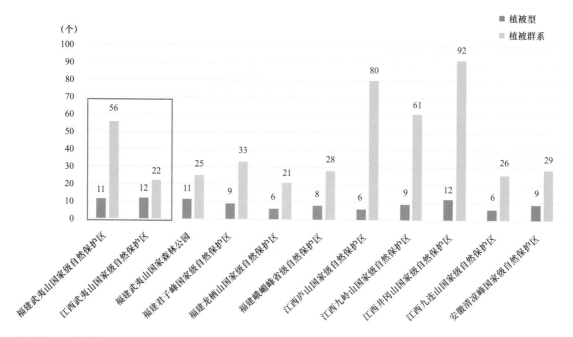

■ 图2-8 自然保护区植被类型比较

**已进行比较的自然保护区情况**

表2-2

| 序号 | 保护区名称 | 行政区域 | 主要保护对象 | 类型 | 级别 | 始建时间 | 主管部门 |
|---|---|---|---|---|---|---|---|
| 皖101 | 安徽清凉峰 | 绩溪、歙县 | 中亚热带常绿阔叶林及珍稀濒危动植物 | 森林生态 | 国家级 | 1979.01.01 | 林业 |
| 闽04 | 雄江黄楮林 | 闽清县 | 福建青冈、中亚热带南缘常绿阔叶林及两栖 | 森林生态 | 国家级 | 1985.08.02 | 林业 |
| 闽16 | 君子峰 | 明溪县 | 中亚热带原生性常绿阔叶林、南方红豆杉 | 森林生态 | 国家级 | 1995.12.20 | 林业 |
| 闽24 | 龙栖山 | 将乐县 | 中亚热带森林生态系统，金钱豹、云豹、黄腹角雉、白颈长尾雉、南方红豆杉等珍稀物种 | 森林生态 | 国家级 | 1984.09.11 | 林业 |
| 闽26 | 峨嵋峰 | 泰宁县 | 中亚热带山地森林生态系统及中山沼泽湿地 | 森林生态 | 省级 | 1995.11.01 | 林业 |
| 闽56 | 福建武夷山 | 武夷山市、建阳市、光泽县、邵武市 | 中亚热带森林生态系统 | 森林生态 | 国家级 | 1979.07.03 | 林业 |
| 闽58 | 圭龙山 | 长汀县 | 中亚热带森林生态系统 | 森林生态 | 省级 | 2001.06.09 | 林业 |
| 赣24 | 庐山 | 九江市庐山区 | 中亚热带森林生态系统 | 森林生态 | 国家级 | 1981.03.06 | 林业 |
| 赣82 | 九连山 | 龙南县 | 亚热带常绿阔叶林 | 森林生态 | 国家级 | 1981.03.06 | 林业 |
| 赣127 | 井冈山 | 井冈山市 | 亚热带常绿阔叶原始林及珍稀动物 | 森林生态 | 国家级 | 1981.03.01 | 林业 |

| 序号 | 保护区名称 | 行政区域 | 主要保护对象 | 类型 | 级别 | 始建时间 | 主管部门 |
|---|---|---|---|---|---|---|---|
| 赣 146 | 官山 | 宜丰县、铜鼓县 | 中亚热带常绿阔叶林及白颈长尾雉等珍稀动植物 | 森林生态 | 国家级 | 1981.03.06 | 林业 |
| 赣 149 | 江西九岭山 | 靖安县 | 中亚热带常绿阔叶林及野生动植物 | 森林生态 | 国家级 | 1997.01.06 | 林业 |
| 赣 169 | 江西马头山 | 资溪县 | 亚热带常绿阔叶林及珍稀植物 | 森林生态 | 国家级 | 1994.01.01 | 林业 |
| 赣 176 | 江西武夷山 | 铅山县 | 中亚热带常绿阔叶林及珍稀动植物 | 森林生态 | 国家级 | 1981.03.06 | 林业 |
| 鄂 48 | 九宫山 | 通山县 | 中亚热带阔叶林及珍稀动植物 | 森林生态 | 国家级 | 1981.02.01 | 林业 |
| 粤 11 | 南岭 | 韶关市、清远市 | 中亚热带常绿阔叶林 | 森林生态 | 国家级 | 1984.04.01 | 林业 |
| 粤 17 | 车八岭 | 始兴县 | 中亚热带常绿阔叶林及珍稀植物 | 森林生态 | 国家级 | 1988.05.09 | 林业 |
| 桂 66 | 木论 | 罗城仫佬族自治县 | 中亚热带石灰岩常绿阔叶混交林生态系统 | 森林生态 | 国家级 | 1996.01.01 | 林业 |
| 黔 23 | 习水 | 习水县 | 中亚热带常绿阔叶林及野生动植物 | 森林生态 | 国家级 | 1994.09.08 | 林业 |
| 黔 100 | 雷公山 | 雷山县、台江县、剑河县 | 中亚热带森林及秃杉等珍稀植物 | 森林生态 | 国家级 | 1982.06.01 | 林业 |

　　根据《中华人民共和国自然保护区条例》第二条和第十一条规定，自然保护区内受到特殊保护的自然生态系统和珍稀濒危野生动植物物种具有代表性，而其中在国内外有典型意义、在科学上有重大国际影响或者有特殊科学研究价值的自然保护区，列为国家级自然保护区。因此，通过上述横向比较可以明确：福建武夷山国家级自然保护区内，中亚热带森林系统在保护面积和植被型完整度方面具有突出优势。

　　另一方面，由于资料的局限性，下列保护区仍有待分析、筛选和比较（表 2-3）。

**待分析比较的其他自然保护区情况**　　　　　　　　　　　　　　　　　　表 2-3

| 序号 | 保护区名称 | 行政区域 | 主要保护对象 | 类型 | 始建时间 | 主管部门 |
|---|---|---|---|---|---|---|
| 湘 18 | 湖南舜皇山 | 新宁县 | 亚热带常绿阔叶林及银杉、资源冷杉等植物 | 森林生态 | 1982.04.01 | 林业 |
| 湘 42 | 八大公山 | 桑植县 | 亚热带森林及南方红豆杉、伯乐树等珍稀植物 | 森林生态 | 1986.07.09 | 林业 |
| 湘 83 | 鹰嘴界 | 会同县 | 典型亚热带森林植被及南方红豆杉、银杏 | 森林生态 | 1998.01.01 | 林业 |
| 渝 06 | 缙云山 | 重庆市北碚区、沙坪坝区 | 亚热带常绿阔叶林 | 森林生态 | 1979.04.01 | 林业 |
| 川 04 | 龙溪—虹口 | 都江堰市 | 亚热带山地森林生态系统、大熊猫、珙桐 | 森林生态 | 1993.04.24 | 林业 |
| 黔 11 | 宽阔水 | 绥阳县 | 中亚热带常绿阔叶林 | 森林生态 | 1989.12.01 | 林业 |

| 序号 | 保护区名称 | 行政区域 | 主要保护对象 | 类型 | 始建时间 | 主管部门 |
|------|-----------|----------|-------------|------|---------|---------|
| 滇76 | 无量山 | 景东彝族自治县、南涧县 | 亚热带常绿阔叶林、黑冠长臂猿等珍稀动物 | 森林生态 | 1986.03.20 | 林业 |
| 滇86 | 永德大雪山 | 永德县 | 亚热带常绿阔叶林及野生动物 | 森林生态 | 1986.03.20 | 林业 |
| 滇111 | 黄连山 | 绿春县 | 亚热带常绿阔叶林、野生动植物 | 森林生态 | 1983.04.27 | 林业 |
| 藏47 | 察隅慈巴沟 | 察隅县 | 山地亚热带森林生态系统及扭角羚 | 森林生态 | 1985.09.23 | 林业 |

### 2.3.3　完整性分析

武夷山市物产资源丰富,生态环境优良,中亚热带植被覆盖了绝大部分市域,森林覆盖率达到79.2%,1997年曾获得全国造林绿化百佳县(市)称号。依据武夷山市林相图,市域内未被覆盖的区域主要为城市建成区、村落和部分农地,裸岩裸土面积较少。在武夷山世界遗产地缓冲区范围内,九曲溪保护地带存在较大面积的非林地区域,通过与《武夷山市主体功能区——重要生态功能区图》对比分析可以得知,这些非林地区域多数已被划为水土保持功能重要区、重要水源涵养区和特殊物种重要保护区。但是,九曲溪生态保护区内仍有部分未被划入武夷山市重要生态功能区的森林生态系统,面临着周边社区发展和旅游开发的压力,对遗产地缓冲区范围内的生态系统完整性构成潜在威胁。

### 2.3.4　干扰因素分析

#### 2.3.4.1　武夷山国家级风景名胜区干扰因素分析 [1]

(1)主景区高峰期游客超容量

由于武夷山风景名胜区内存在游客时空分布不均衡的现象,局部地点局部时间易产生严重拥堵问题,对自然环境产生了较大的负面影响。例如,主要游步道两侧1.5~3m宽的范围内,植被遭践踏严重,导致地表裸露、土壤板结和水土流失等。

(2)茶、林之争日趋严峻

近十年来风景名胜区内对于茶园的控制效果并不理想,受经济利益驱动,茶园面积还在不断扩大、逐渐蚕食林地。这导致了林缘线收缩后退,阳性灌草不断侵入,林分出现退化,对风景名胜区植物群落结构造成负面影响。

---

[1]　内容摘录、整理自《武夷山国家级风景名胜区总体规划》(2001-2010)大纲。

茶叶加工及茶农生活使用的薪炭材部分来自景区内的树木，对森林植被产生破坏。

九曲溪上游水源保护地带也存在茶地大量增加的现象，导致近年来九曲溪水位持续下降，水质受到污染，影响了下游森林生态系统。

（3）外围保护地带的控制力度不足

外围保护地带内，除九曲溪上游管理处（受武夷山风景名胜区管委会管理）所管辖的 $82km^2$ 保护状况较好外，其他区域尚未纳入国家级保护地范围，也未制定相关保护规划。因此，目前对该区域内的社区建设、茶园开垦、旅游产业发展等缺乏相应的法律依据和有效的管理措施。

### 2.3.4.2　福建武夷山国家级自然保护区干扰因素分析[1]

自然保护区内的居民长期以来"靠山吃山"，毛竹和茶叶种植是当地社区的主要经济来源，扶持搬迁项目难以实施。近几年来，岩茶市场持续升温，居民普遍不愿搬迁并在社区内争相开设茶叶加工厂，部分自耕农地和竹林被开垦为茶园。这种发展趋势对保护区内植物群落结构的完整性造成了负面影响，并间接给森林生态系统的稳定性带来风险，例如外来物种侵入、病虫害和地下水污染等。

## 2.4　物种多样性价值

### 2.4.1　价值阐述

福建武夷山国家级自然保护区内自然条件优越，植物种类丰富，为珍稀野生动物提供了理想的栖息场所，是我国中亚热带森林生态系统中昆虫种类最多的地区，被誉为"蛇的王国""昆虫世界""鸟的天堂""研究亚洲两栖爬行动物的钥匙"。

武夷山作为世界遗产地符合突出普遍价值（Outsdanding Universial Value，OUV）标准，即拥有生物多样性保护价值，是大量远古遗留植物物种的庇护所，同时也为许多中国独有的濒危物种提供了重要的自然栖息地。

在武夷山地区生物多样性保护价值方面的探索，国内外专家学者已对其重要地位达成共识并进行了系统性总结，对于生物群落的分布情况、演化规律和保护措施方面的研究亦有建树。根据《中国生物多样性国情研究报告》（1998），武夷山地区被确定为全国陆地 11 个具有全球意义的生物多样性保护关键区之一，并且是中国东南部唯一的关键区[2]。陈昌笃（1999）认为武夷山是我国东南大陆生物多样性的关键区域，而在全

1　内容摘录、整理自《福建武夷山国家级自然保护区总体规划》（2011-2020）。

2　中华人民共和国国家环境保护局. 中国生物多样性国情研究报告 [M]. 北京: 中国环境科学出版社，1998.

球同一纬度上其他大陆大都是荒漠或生物物种贫乏的地区；武夷山保护区拥有悠久的生物多样性保护历史，是闻名国内外的动物新种模式标本产地[1]。阳文华（2010）提出福建武夷山区丰富多样的物种和种质资源构成了庞大的基因库，是我国重要的战略基因资源之一[2]。程松林等（2011）认为武夷山的爬行动物具有"物种丰富、特有种多、单种属多"的特点[3]。李荣禄（2013）提出武夷山保护区保留的 2.9 万 $hm^2$ 原生性森林生态系统包含了我国中亚热带所有的植被类型。武夷山保护区不仅物种繁多，而且特有成分集中，是我国东南部物种形成和分化的中心，在全球生物多样性保护中占有十分重要的位置[4]。王同亮等（2015）提出我国处于全球两栖类动物保护的优先区域，武夷山是我国两栖动物密度最高的 5 个地区之一[5]。

在生物多样性提供的服务功能方面，武夷山也具有重要价值。阳文华（2010）认为福建武夷山区生物多样性服务功能包括以下类型[2]：（1）提供食物——为人类提供日常所需的食品。武夷山区林地、农田和水域中生物种类丰富，形成了复杂食物链和食物网，具有极强的食物生产功能。（2）提供原材料——武夷山区生产速生杉木、松木和楠竹，原木可作为工业生产原材料；经济林提供松脂、树漆、棕片等初级产品原材料；茶园盛产各种茶叶；农田、草地、苇地等提供稻草、秸秆、芦苇等原材料。（3）景观游憩——丰富的动植物群落和珍贵的濒危物种为教育、科研提供了对象、材料和试验基地。（4）选择价值与存在价值——选择价值是生物多样性资源供未来开发利用（游赏、科研）的价值，如武夷山区三分之二的蝴蝶还未被认识分类，其选择价值不可忽视；存在价值是人们为了物种资源延续存在而愿意支付的代价，包括政府政策支持和社会资金捐赠等方面。

### 2.4.2 比较研究

#### 2.4.2.1 野生植物种类与数量比较研究

福建武夷山国家级自然保护区植物种类丰富，已查明的植物有 3306 种，其中高等植物 2466 种，低等植物 840 种。自然保护区内列入《国家重点保护野生植物名录（第一批）》（国务院 1999 年）的植物有 22 种，其中一级保护植物有南方红豆杉等 4 种，二级保护植物有闽楠等 18 种。同样选取环境保护部所公布的《国家级自然保护区名录》（截至 2012 年底），对主要保护对象包含"中亚热带森林生态系统"和"中亚热带常绿阔叶林"的国家级自然保护区进行整理统计，分析其高等植物种类，由图 2-9 和图 2-10 可知武夷山地区在高等植物种类和国家重点保护野生植物种类上具有明显优势。

1 陈昌笃. 论武夷山在中国生物多样性保护中的地位 [J]. 生物多样性, 1999. (4):320-326.

2 阳文华. 福建武夷山区生物多样性生态补偿研究 [D]. 福建师范大学, 2010.

3 程松林, 袁荣斌, 毛夷仙. 武夷山脉爬行动物地理分布及其 G-F 指数分析 [J]. 长江流域资源与环境, 2011. (S1):22-29.

4 李荣禄. 武夷山自然保护区的生物多样性及其保护 [J]. 福建林业, 2013. (04):9-11.

5 干同亮, 程林, 兰文军, 等. 江西武夷山国家级自然保护区两栖动物多样性及海拔分布特点 [J]. 生态学杂志, 2015. (07): 2009-2014.

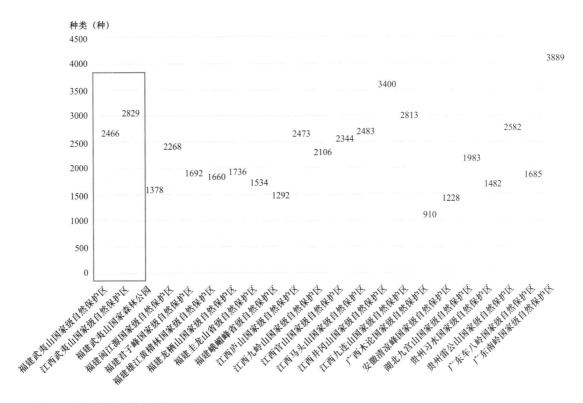

■　图 2-9　高等植物种类比较分析图

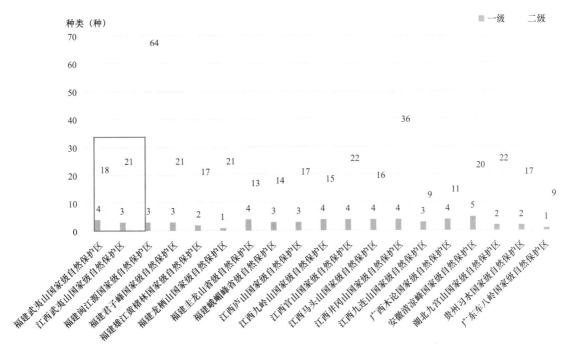

■　图 2-10　国家重点保护野生植物种类比较分析图

#### 2.4.2.2 野生动物资源比较研究

福建武夷山国家级自然保护区内已知的脊椎动物有475种，其中爬行纲2目13科73种，占全省爬行类总数的65.6%；两栖纲2目9科35种，占全省两栖类总数的73%。

自然保护区内列入《国家重点保护野生动物名录（第一批）》（国务院1999年）的动物有57种，其中一级保护动物有黄腹角雉、金斑喙凤蝶等9种，二级保护动物有短尾猴等48种。

比较分析对象与前文相同，从图2-11～图2-14可知武夷山地区在野生脊椎动物种类、野生两栖动物种类、野生爬行动物种类和国家重点保护野生动物种类等方面具有显著优势。

#### 2.4.2.3 野生昆虫资源比较研究

福建武夷山国家级自然保护区内昆虫种类繁多，拥有全国33个目中除缺翅目和恐蠊目外的31个目（全球共34个目）。现已定名的昆虫有31目341科4635种，约占全国已定名昆虫的五分之一，是我国中亚热带森林生态系统中昆虫种类最多的地区。图2-15展示了比较分析结果。

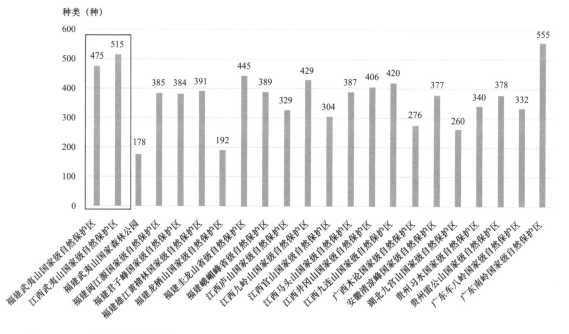

■ 图2-11 野生脊椎动物种类比较分析图

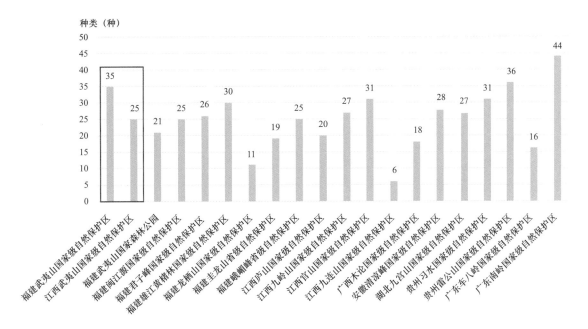

■ 图 2-12　野生两栖动物种类比较分析图

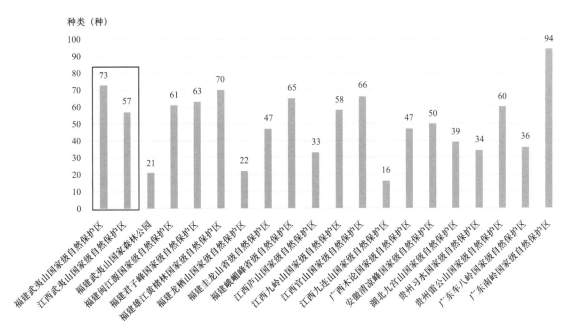

■ 图 2-13　野生爬行动物种类比较分析图

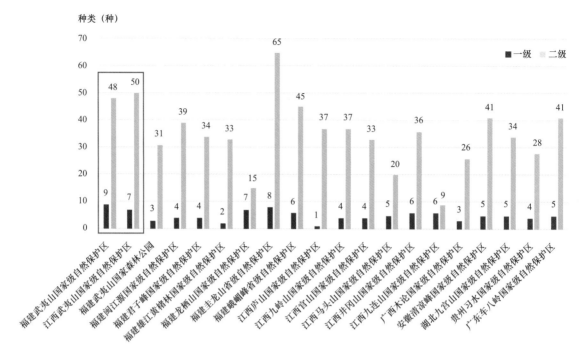

■ 图 2-14　国家重点保护野生动物种类比较分析图

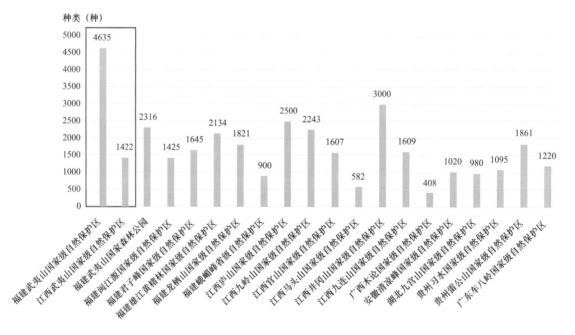

■ 图 2-15　野生昆虫种类比较分析图

## 2.4.3 完整性分析

武夷山市生态功能区划定方案中，对市域范围内的生物多样性重要性进行了评价，世界遗产地缓冲区范围内超过半数属于高和较高重要性区域，为禁止开发区和限制开发区，这些区域是武夷山世界遗产地物种多样性价值的重要载体。另外，九曲溪保护地带内存在较大面积的较低重要性区域，包含大量村镇用地，它们阻隔了自然保护区与风景名胜区之间高重要性区域的空间连接。

目前，福建武夷山国家级自然保护区内物种资源的总体概况和定性分析已见于各类文献资料，但在动物种群数量、密度和迁徙廊道等方面仍缺少权威性的定量研究，野外调查数据相对陈旧。作为武夷山物种多样性价值的重要组成部分，应对国家重点保护野生动物开展跟踪调查，确定保护动物的栖息地范围；建立珍稀物种资源数据库，定期聘请专家对物种活跃状态进行复核。

## 2.4.4 干扰因素分析

### 2.4.4.1 武夷山国家级风景名胜区干扰因素分析[1]

风景名胜区内常绿阔叶林的物种丰富度和均匀度明显高于茶地，多样性指数和均匀度指数也远大于茶地，但群落的优势度却小于茶地。茶地垦复过程中清除了大量树木和林下植物，破坏了部分物种的生存环境，导致风景名胜区内生物多样性下降。

### 2.4.4.2 福建武夷山国家级自然保护区干扰因素分析[2]

（1）保护工程建设差距较大

上一轮自然保护区总体规划中，保护工程规划资金为 2875 万元，实际落实 1058.2 万元，部分保护设施由于项目资金不足无法开展建设。对野外生物监测、森防安全、防盗猎等保护管理工作造成了一定影响，例如先锋岭瞭望台存在建筑主体维护、检测设备换代等资金需求。

（2）科研力量不足

自然保护区管理局现有人员组成中，科研技术岗位编制较少，相较区内保护研究任务而言，人员数量和科研能力均存在明显不足。专职专技人员不足导致总体规划中的一些科研项目难以开展，例如区内生物多样性普查、珍稀动植物分布调查等；另外，外界科研院所在区内进行保护性研究同样需要专业人员配合，对研究成果进行转化。

（3）科普宣教工作重视不够

科普宣传对于社区居民和社会公众具有良好的示范作用和教育意义，能够显著提升区内生物多样性保护的工作效率。上一轮自然保护区总体

---

1 内容摘录、整理自《武夷山国家级风景名胜区总体规划》（2001-2010）大纲。

2 内容摘录、整理自《福建武夷山国家级自然保护区总体规划》（2011-2020）。

规划中，宣教工程计划下达资金 984.27 万元，实际实施 329 万元，部分科普宣教工作没有落实到位。目前，部分社区居民仍顾及短期利益，私自招揽社会游客进入自然保护区开展低端旅游活动，对外来物种入侵防治、森林防火等保护管理工作造成隐患。

## 2.5　朱子理学价值

### 2.5.1　价值阐述

朱熹是继孔子之后中国历史上最伟大的思想家、哲学家和教育家之一。武夷山与朱子理学有着不可分割的联系，是朱子理学的摇篮。

### 2.5.2　比较研究

#### 2.5.2.1　朱熹集孔子以下学术思想之大成，使理学系统达到顶峰

朱熹在中国思想史和哲学史中具有极高的地位，朱熹集孔子以下学术思想之大成，使理学系统达到顶峰。

中国著名历史学家蔡尚思教授曾言："东周出孔丘，南宋有朱熹。中国古文化，泰山与武夷。"

钱穆在《朱子蠹立中道》中讲到，在中国历史上，前古有孔子，近古有朱子，此两人，皆在中国学术思想史及中国文化史上发出莫大声光，留下莫大影响。旷观全史，恐无第三人堪与伦比。孔子集前古学术思想之大成，开创儒学，成为中国文化传统中一主要骨干。北宋理学兴起，乃儒学之重光。朱子崛起南宋，不仅能集北宋以来理学之大成，并亦可谓其乃集孔子以下学术思想之大成。此两人，先后蠹立，皆能汇纳群流，归之一趋。自有朱子，而后孔子以下之儒学，乃重获新生机，发挥新精神，直迄于今[1]。

冯友兰在《朱熹在中国历史上的地位》中讲到，朱熹或称朱子，是一位精思、明辩、博学、多产的哲学家。光是他的语录就有 140 卷。到了朱熹，程朱学派或理学的系统才达到顶峰。这个学派的统治，虽然有几个时期遭到非议，特别是遭到陆王学派和清代某些学者的非议，但是它仍然是最有影响的独一的哲学系统，直到近几十年西方哲学传入之前仍然如此。

高令印在《闽学在中国文化史上的作用》中讲到，南宋朱熹在福建建阳考亭所创立的闽学，亦称朱子学，是当时与濂、洛、关等并称的地

1　武夷山朱熹研究中心，朱熹与中国文化，学林出版社，1989 年 06 月第 1 版，第 4 页。

域性学派之一。但是，由于它在创立时期形成的思想体系，其理论价值和社会作用被封建统治者所认识，很快由福建推广至全国，在中国后期封建社会意识形态的各个领域中起了主导作用。

### 2.5.2.2　从宋末历元明清，朱熹思想被奉为官方意识形态

《武夷文化选讲》中讲到：朱熹是中国宋代著名的哲学家、思想家、教育家。他融合儒、释、道三大宗教，建构了涵括自然、社会、人文在内的完整、博大的理学思想体系。他对中国哲学中的重要范畴、命题作出了自己的理解和解释，发前人所未发，提出了一些新的范畴与命题。他治学于经学、史学、佛学、道学、文学、礼学、乐律以至自然科学，无所不及。他的思想把中国哲学推进到新的阶段，从宋末历元明清的七百年间，他的思想一直被奉为官方意识形态。朱熹的学说对于他身后七百余年中国的政治生活、文化结构、思维方式、伦理道德、风俗习惯乃至生活方式都产生了很大影响。明末以降，朱子学由来华的传教士介绍到欧美，对一些西方国家的思想文化亦产生了不同程度的影响。

### 2.5.2.3　朱熹的思想具有世界性影响

朱熹也是一位具有世界性影响的思想家，他的学说自 13 世纪起向海外的东亚、东南亚传播，为东亚各国所共同接受，被视为东方文化的表征。

### 2.5.2.4　武夷山与朱子理学有着不可分割的联系

武夷山与朱子理学有着不可分割的联系，是朱子理学的摇篮、是世界研究朱子理学乃至东方文化的基地。

第一，朱熹在武夷山（包括五夫）的时间最长。朱熹一生 71 岁，有50 多年时间住在武夷山及武夷山所在的闽北。武夷山区域是朱熹学术思想产生、形成、趋于成熟的渊源。

陈其芳在《朱熹与武夷山》中讲到："以上四个时期合计，朱熹在武夷山的时间，大约有十多年之久。"朱熹从 15 岁时客居五夫里，到 54 岁时居住武夷山隐屏精舍，虽然有 40 年时间，但实际上，朱熹住在五夫里的时间只有 10 年左右。因这 40 年中，外出任官、会友、游玩、讲学以及居住武夷山和建阳云谷的时间等约 30 年。再其次在尤溪住了 8 年，又在建瓯住了 7 年，还在建阳考亭住了五六年（指实际时间），建阳云谷住了四五年，同安住了三四年，江西南康住了 2 年。总之，朱熹一生 71岁，有 50 多年时间住在武夷山及武夷山所在的闽北。另外，蒋仁、余奎元在《朱熹学术在闽北产生的条件》讲到："朱熹的学术思想，植根于南宋时期的闽北。朱熹的一生绝大部分时间是在闽北度过的，其师友也大都是闽北人，而且其主要著作也基本在闽北完成。由此足以说明，闽北是朱熹学术思想产生、形成的渊源。"

第二,武夷山市(尤其是武夷山风景区内)的朱子理学遗迹数量最多、类型丰富。朱熹生活在武夷山的 50 多年间,留下了大量的文物、史迹,种类有他生活的故居、讲学的书院、题写的石刻碑铭,加上历代朝廷官府敕建的各类纪念性牌坊、建筑等,是有关朱熹的文物史迹中全国保存数量最多的地方[1]。新编《福建省志·武夷山志》记载,武夷山脉各县与朱子理学相关的历史遗迹 151 处(件),其中武夷山市境内达 77 处(件),占一半多。特别是集中于武夷山风景区内。

第三,朱子理学与武夷山儒教、道教、佛教的关系紧密。武夷山具有三大宗教交融的特点。在儒教方面,朱子理学本身是儒家思想的一个新的发展阶段,朱子理学与武夷山地区的家族制度相互促进,理学与儒教融为一体。另外,朱熹生活在充满道教和佛教气息的闽北地区,朱熹与佛道两教均发生过密切的联系,朱熹经常参访道观佛寺,与道人僧人交往频繁,武夷山佛教和道教的兴盛对朱熹思想的形成产生了深远影响。

第四,武夷山特有自然风光对朱熹的审美情怀产生了明显影响,山水意趣使朱熹更能透彻地悟出理之所在,诗情与理趣紧密结合。朱熹本性喜爱山水,也寄情山水,从朱熹歌咏武夷山自然风光的诗词中可以看出,武夷山的自然风光对朱熹的审美产生了影响,这一点可见于《武夷山图序》《九曲棹歌》《武夷七咏》《武夷精舍杂咏》《观书有感》等文学作品。特别是《九曲棹歌》,朱熹将武夷山各景观串联在一起,展现出了武夷山的完整风貌。

### 2.5.3 真实性和完整性分析

根据《武夷山第一批世界文化遗产名录(二、理学文化〈13〉)》整理,世界遗产载体类型有书院、祠堂、摩崖题刻和陵墓等,共 47 处。具体信息如表 2–4 所示。

1 朱熹在武夷山史迹考,刘秀萍,武夷山市博物馆。

武夷山第一批世界文化遗产名录理学文化载体 表 2–4

| 序号 | 名称 | 年代 | 数量 | 位置 |
|---|---|---|---|---|
| 201 | 古代书院遗址 | 南宋至清 | 35 | 九曲溪沿岸 |
| 202 | 紫阳书院 | 建于宋淳熙十年(公元 1183 年) | 1 | 五曲隐屏峰下 |
| 203 | 叔圭精舍及石牌坊 | 建于宋政和 5 年(公元 1115 年) | 1 | 原坊立于下梅,乾隆年间江氏后人移至九曲云窝,取名为"叔圭精舍" |

续表

| 序号 | 名称 | 年代 | 数量 | 位置 |
|---|---|---|---|---|
| 204 | 刘公神道碑 | 南宋 | 1 | 原立于五夫镇拱辰山蟹坑刘子羽墓墓道旁,1981 年 5 月迁置武夷宫三清殿内 |
| 205 | "灵岩" | 南宋 | 1 | 镌于一线天景区 |
| 206 | "逝者如斯"书法 | 南宋 | 1 | 由门人镌之于六曲之溪南响声岩 |
| 207 | 朱熹墓 | 南宋 | 1 | 位于建阳唐石里（黄坑镇）大林谷 |
| 208 | 升真元化洞天 | 宋 | 1 | 宋开禧二年（公元 1206 年）镌于五曲伏虎岩 |
| 209 | 南山书院遗址 | 北宋至清 | 1 | 一曲溪南太极岩 |
| 210 | 见罗书院遗址 | 明万历 24 年（公元 1596 年） | 1 | 位于九曲溪头平川 |
| 211 | "修身为本"书法 | 明万历年间 | 1 | 镌于一曲溪北水光石 |
| 212 | 道南理窟并跋 | 清 | 1 | 镌于五曲溪南晚对峰 |
| 213 | 活源 | 清 | 1 | 镌于北山水帘洞 |

　　根据武夷山市文体新局提供的数据，朱子文化遗存包括不可移动文物（15 处）、一条古街（五夫里街）、可移动文物（1 件）。具体信息如表 2-5～表 2-7 所示。

**朱子文化遗存普查结果：不可移动文物**　　　　　　　　　　　　　　　　　　表 2-5

| 序号 | 文物名称 | 年代 | 类别 | 级别 | 分布地址 | 面积（m²） |
|---|---|---|---|---|---|---|
| 1 | 紫阳楼遗址 | 宋 | 古遗址 | 市级 | 福建省南平市武夷山市五夫镇五一村下府前自然村西侧 | 654 |
| 2 | "萬石"石刻 | 宋 | 摩崖石刻 | 无 | 五夫镇府前村屏山书院遗址右侧山林 | 0.5 |
| 3 | 五夫社仓 | 清 | 古建筑 | 市级 | 武夷山市五夫镇五一村东侧（五夫粮站旁） | 395 |
| 4 | 开善寺遗址 | 宋 | 古遗址 | 无 | 武夷山市五夫镇拱辰山下 | — |
| 5 | 秘庵遗址 | 宋 | 古遗址 | 无 | 五夫镇古亭村 | — |
| 6 | 兴贤书院 | 清 | 古建筑 | 市级 | 福建省南平市武夷山市五夫镇兴贤村（上街）五夫里 18 号 | 252 |
| 7 | 屏山书院遗址 | 宋 | 古遗址 | 市级 | 武夷山市五夫镇五一村上府前自然村东侧 | 200 |
| 8 | 灵泉 | — | — | 文物点 | 五夫镇府前村东侧约 50m | 2 |
| 9 | 朱始巷 | 宋 | 古巷道 | 市级 | 五夫镇五一村 | — |
| 10 | 朱松墓 | 宋 | 古墓葬 | 市级 | 福建省南平市武夷山市上梅乡地尾村寺门自然村 | 800 |
| 11 | 分水关 | — | 古关隘 | 无 | 武夷山市洋庄乡 | — |

续表

| 序号 | 文物名称 | 年代 | 类别 | 级别 | 分布地址 | 面积（m²） |
|---|---|---|---|---|---|---|
| 12 | 刘子羽神道碑 | 宋 | 摩崖石刻 | 省级 | 武夷山市仿宋古街名人馆 | 5.55 |
| 13 | 武夷精舍遗址 | 宋 | 古遗址 | 市级 | 九曲溪五曲溪东，隐屏峰南麓 | — |
| 14 | 九曲溪摩崖石刻（朱熹题） | 宋 | 摩崖石刻 | 省级 | 武夷山市风景名胜区 | — |
| 15 | 崇安县文庙 | 清 | 古建筑 | 文物点 | 福建省南平市武夷山市崇安街道温岭社区文化宫路1号 | 2000 |

**朱子文化已遗存普查结果：五夫里**　　　　　　　　　　表 2-6

| 序号 | 文物名称 | 年代 | 类别 | 级别 | 分布地址 | 面积（m²） |
|---|---|---|---|---|---|---|
| 1 | 屏山世泽牌坊 | 清 | 古建筑 | 文物点 | 武夷山五夫镇五夫村五夫里巷与大埠巷交汇处 | 2 |
| 2 | 五贤井 | 清 | 古井 | 市级 | 福建省南平市武夷山市五夫镇五夫里巷 | 10 |
| 3 | 刘氏家祠 | 清 | 古建筑 | 市级 | 福建省南平市武夷山市五夫镇兴贤村上街中部 | 392 |
| 4 | 潭溪 | — | — | 无 | 五夫镇府前村村口 | — |
| 5 | 潭溪码头 | 宋代 | 桥涵码头 | 无 | 五夫镇五夫村 | 40 |

**朱子文化遗存普查结果：可移动文物**　　　　　　　　　　表 2-7

| 序号 | 文物名称 | 年代 | 类别 | 级别 | 分布地址 | 面积（m²） |
|---|---|---|---|---|---|---|
| 1 | 静我神牌匾 | 明 | 古牌匾 | 无 | 武夷山市博物馆 | 1 |

整体而言，朱子理学价值的真实性完整性较好，朱子文化遗存得到了一定程度的保护。但也有一些因素使得朱子理学的真实性完整性有一定程度受损。例如：风景区内大量理学书院已倾圮，仅存遗址；朱子理学文化解说展示不够充分，游客体验不佳；五夫镇内历史建筑和格局受到一定破坏、历史建筑年久失修[1]。

## 2.5.4　干扰因素分析

朱子理学价值的干扰因素主要包括：文物建筑保护不力导致文物破坏；设施建设导致格局和氛围受损；遗址的解说效果不佳导致价值展示不充分。

1　张鹰. 基于愈合概念的武夷山五夫镇的保护与更新 [J]. 南方建筑，2009. 04:36-41.

# 2.6　茶文化价值

## 2.6.1　价值阐述

历史价值：武夷山的茶文化历史悠久，是中国红茶和福建乌龙茶制法的发源地。古茶园、古茶厂和古茶道等文物古迹见证了武夷山的茶叶发展兴衰。武夷山是万里茶道起点，星村镇、下梅村和赤石村等茶业集散地，见证了中国茶叶对外贸易发展史和茶文化交流史。

文化景观价值："石座作""寄植作"是武夷山茶农种植茶叶的传统方式，与自然交相辉映或融为一体的茶山、茶园形成了独特的文化景观。武夷山风景名胜区内的茶园以武夷丹霞地貌为背景，与碧水青山共筑环境幽美独特的茶文化景观。武夷山自然保护区内的"分散式"茶园是茶农以最小干预方式种茶，形成与自然融为一体的茶文化景观。

## 2.6.2　比较研究

（1）武夷山是中国红茶制法和乌龙茶制法的发源地

根据茶叶的制作技艺分类，武夷山有两大名茶，正山小种（红茶）和武夷岩茶（乌龙茶）。武夷岩茶传统制作技艺被列入国家非物质文化遗产名录。

武夷山的茶树有两大品种，即本地的有性系品种和引进的无性系品种[1]。本地的有性系品种包括武夷菜茶（又称武夷变种 Camellia sinensis var. bohea）和菜茶中选育出的各类单丛、名丛，是武夷山当地茶叶的主要栽种品种。武夷山四大名丛包括大红袍、白鸡冠、铁罗汉和水金龟。武夷菜茶适制性较强，红茶、乌龙茶、绿茶都可以武夷菜茶为制作原料。引进的无性系品种，是近几十年至近百年来引进的水仙和梅占等，更适宜制作乌龙茶。

武夷山是中国红茶制法的发源地。武夷正山小种红茶于明末时期在星村镇桐木村出现，是中国最早出现的红茶（中国红茶出现时间详见表 2-8）。武夷山出现茶叶发酵技术的时间 16 世纪中后期、当地村民关于正山小种红茶起源的说法、国内外关于武夷红茶出现时间的记载都说明正山小种红茶出现在 16 世纪中后期至 17 世纪初之间[2]。正山小种红茶由荷兰商人带入欧洲，随即风靡英国皇室乃至整个欧洲。在其享誉海外的同时，福建的宁德、安徽的祁门等地也开始学习正山小种红茶的种植加工技术，正山小种红茶的加工技艺也逐渐地传入国内各大绿茶、乌龙茶和普洱茶产区，全国各地的工夫红茶相继涌现。

1　茶树通过有性途径（种子）繁殖的品种称为有性繁殖系品种，简称有性系品种；通过无性途径（扦插等）繁殖的品种称为无性繁殖系品种，简称无性系品种。

2　引自：邹新球著. 世界红茶的始祖——武夷正山小种红茶 [M]. 中国农业，2008.

中国红茶出现时间一览表 [1]                                                          表 2-8

| 红　茶 | 出现时间 | 地　　　点 |
|---|---|---|
| 正山小种 | 16 世纪中后期 | 福建省崇安县（现在的武夷山市） |
| 祁门红茶 | 1875 年 | 安徽省祁门县 |
| 滇红功夫 | 1938 年 | 云南省顺宁和佛海 |
| 宁红功夫 | 1821～1850 年 | 江西省修水县 |
| 宜红功夫 | 19 世纪中叶 | 湖北省宜昌 |
| 川红功夫 | 20 世纪 50 年代 | 四川省宜宾 |
| 闽红功夫 | 19 世纪 | 福建省政和县、福安、拓宁、寿宁等 |

武夷山是中国乌龙茶制法的发源地。武夷岩茶（乌龙茶）出现在明末清初时期，是中国最早出现的乌龙茶（中国乌龙茶出现时间详见表 2-9）。据《崇安县志》记载，武夷岩茶由崇安县令殷应寅延请黄山僧人传授松萝茶制法，并在武夷山当地创造发明了"做青"工艺而形成的一种新的茶叶品种。清代茶僧释超全《武夷茶歌》是福建乌龙茶始创于武夷山的佐证，对武夷岩茶的乌龙茶制法作了细微的描述，是迄今查证的关于武夷岩茶制作工艺的最早记载 [2]。

中国乌龙茶出现时间一览表 [3]                                                        表 2-9

| 乌龙茶 | 出现时间 | 地　　　点 |
|---|---|---|
| 武夷岩茶 | 1650～1653 年 | 福建省崇安县（现为武夷山市） |
| 八角亭龙须茶 | 1717 年 | 福建省崇安和建瓯两县 |
| 铁观音 | 1736 年 | 福建省安溪县 |
| 台湾乌龙茶 | 1810 年 | 中国台湾地区 |
| 闽北水仙 | 1821 年 | 福建省建瓯县 |
| 黄金桂 | 1850～1860 年 | 福建省安溪县 |
| 台湾包种茶 | 1881 年 | 中国台湾地区 |
| 白毛猴 | 1910 年 | 福建省政和县 |
| 永春佛手 | 1919 年 | 福建省永春县 |
| 凤凰水仙 | 不详 | 广东省潮安县 |

1　参考：《中国茶经》陈宗懋著. 1992.
2　周圣弘，周娜冰. 释超全的《武夷茶歌》研　究 [J]. 农业考古，2015,02:104-116.
3　参考：《中国茶经》陈宗懋著. 1992.

（2）武夷山是万里茶道的起点，见证了中国茶叶对外贸易发展史和茶文化交流史

万里茶路全长达 5150km，其中中国境内从福建武夷山区至中俄边境的买卖城恰克图约 4500km。武夷山作为中蒙俄万里茶道的起点，见证了 1728 年中俄签订《恰克图条约》前后武夷茶运销欧洲等地的茶文化交流史。

（3）"石座作""寄植作"是武夷山茶农为了充分利用空间所特有的传统种植方式

"石座作"是指一种茶树栽植方式，通常利用岩凹或石隙之处，依其地形砌筑石座，运土以植茶株，类似于"盆栽"的种植方式。每座植三五株为最多。全山各岩随处可见，悬崖半壁无处无之，尤以上中慧苑坑、牛栏坑为最多。植于此石座中之茶株，往往系属名丛，被视为山中最珍贵之茶树。

"寄植作"也是一种茶树栽植方式，是利用天然石缝，如覆石之下，或道路之旁，无须另作植地园圃，将茶二三株，或种子三五粒寄植其间，听其发育滋长，稍加管理而已[1]。现在桐木等高山茶区仍有分布[2]。

（4）风景名胜区内的茶园以武夷丹霞地貌为背景，与碧水青山共筑环境幽美独特的茶文化景观

武夷岩竹树成荫，长期云雾笼罩，造就了较好的漫射光环境。武夷岩的荫蔽环境也缩短了日照时间。武夷山茶农利用谷地、沟隙、岩凹，开园种茶，沿边砌筑石岸，构筑"石座作"茶园，雨水长年冲积使得沟谷土地富含有机质。这些优厚的气候条件、恰当的土质情况和独特的自然环境与传统种植加工工艺，一起造就了武夷岩茶特异的品质，也体现了茶农和土地创造的和谐景观。茶园以武夷丹霞地貌为背景，周边悬崖绝壁，绝壁之上竹葱郁，缝隙泉水叮咚，形成环境幽美独特的文化景观[3]。

（5）武夷山自然保护区内的"分散式"茶园是茶农以对土地的最小干预方式种茶，形成与自然融为一体的茶文化景观

武夷山自然保护区内的茶园主要位于桐木村的江墩、庙湾、麻粟等几个自然村。这里的高山环境中日出迟、日落早，终日云雾弥漫，日夜的温差比平地小，不冷不热，极适宜茶树平稳生长。这里的茶园都散落在沟底谷间，最大成片的茶园面积也只有 100 多亩[4]。"分散式"茶园是茶农充分利用自然环境，以最小干预方式种茶，与自然融为一体的文化景观。

## 2.6.3　真实性和完整性分析

### 2.6.3.1　茶文化历史价值载体分布（图 2-16）

（1）箐楼是正山小种红茶发展的见证

1　《武夷山市志》茶叶卷 [EB/OL] . http://www.dhpao.com/dhp/tea_642.html. 2015-6-7.

2　武夷山的古代与现代茶园建设 [EB/OL] . http://mt.sohu.com/20150719/n417080611.shtml. 2015-7-19.

3　最奇的乌龙茶产地：得天独厚的武夷岩茶生长环境 [EB/OL] 2014. http://news.xincha.com/wulongcha/wulongchazhishi/67.html.

4　邹星球 . 世界红茶的始祖：武夷正山小种红茶 [M] . 北京：中国农业出版社，2006.

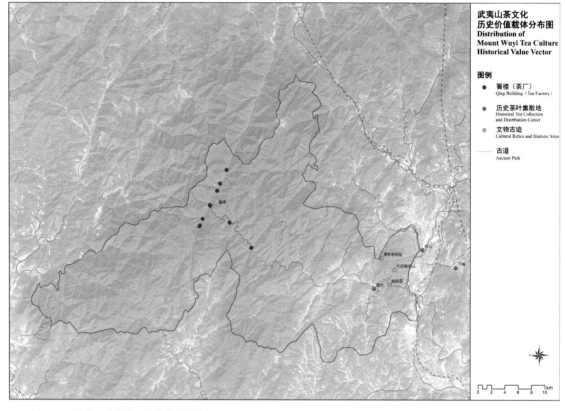

■ 图 2-16　武夷山茶文化历史价值载体分布图

　　"箐楼"是武夷山市星村镇桐木村（位于武夷山自然保护区内）传统制作正山小种红茶的场所，是武夷山红茶文化历史价值的载体。桐木村现保存有 7 座箐楼，全村最大、保存最完好、历史最悠久的箐楼，建于 20 世纪 30 年代，为桐木村全体村民所有，现在由元勋茶厂租用。"箐楼"是当地人的叫法，有学者称之为"萎凋楼"。据田野调查，桐木村的每个自然村都有 1 个以上箐楼，是人民公社时期村集体制红茶的场所。由于箐楼建筑物本身是以木结构为主，随着时间的流逝，加之焙茶时须用火，容易引起火灾，致使许多萎凋楼现已毁坏消失。

　　（2）古茶园、古茶厂遗址是武夷岩茶发展的见证 [1]

　　武夷山风景名胜区内分布的古茶园、御茶园遗址、大红袍名丛、古茶厂遗址或茶厂见证了武夷岩茶的发展兴衰史，是武夷山乌龙茶文化历史价值的载体。

　　① 御茶园

　　元大德至明嘉靖，位于四曲溪南，为元明（元大德 6 年至明嘉靖 36 年，公元 1302 ～ 1557 年）两代官府督制贡茶的地方，250 多年的时

1　以卜对御茶园等地文字介绍引自：武夷山市文体局网站 http://www. wuyishan. gov. cn/ Articles/20100107/20100107115744255. html. 2010.01.07.

间里武夷岩茶精制的龙凤团饼成为朝廷贡品，每年直送京城。其布局前有仁凤门、拜发殿、清神堂等。四周有思敬亭、焙芳亭、燕嘉亭、宜寂亭、浮光亭等，另有碧云桥、通仙井（又名呼来泉）、喊山台等。每年"惊蛰"日，均由县官在此主持隆重的"喊山"仪式，祈求神灵保护。现存通仙井、喊山台、喊山寺等古迹。明代嘉靖三十六年后，由于御茶园疏于管理，茶树枯衰，建筑失修，终成废墟。御茶园在中国乌龙茶工艺变革中作出卓越贡献，是研究中国茶叶发展史、弘扬茶文化的重要基地。

② 茶政告示石刻

清，7 处，分布于天游、五曲、云窝等。武夷岩茶经元明两代发展，及清康熙年间已畅销国内外，然贪官、衙役及蛮棍等，每逢春末夏初采茶时节，便敲诈勒索茶农，以至影响到以种茶维持生计的寺观庵院及茶农的生活，引起了官府重视。明万历四十三年（公元 1615 年）"两院司道批允兑茶租告示"，康熙三十五年"崇安县正堂孔为禁止蠹棍买茶短价以苏积累事""福建分巡延、建、邵道按察使司白为严禁蠹棍藉名官价买茶以杜扰害事"，康熙五十三年"提督福建全省陆路等处地方军务总兵官左都督加八级杨为饬禁事"等摩崖都反映了当时官府维护茶农利益同时维护官府利益所采取的措施。内容主要涉及朝廷"批允兑茶告示"、不准勒索茶家的"禁令"，以及对利用职权低价派习贡茶不法官吏严加斥责的批文等。体现出各朝对武夷岩茶事的重视，以及保护生态环境和人文环境的意识。

③ 大红袍名丛

明，6 株，位于九龙窠北壁，有 340 多年的历史。主干粗大，树形老态，分枝繁茂，叶呈深绿，长圆形幼芽，嫩叶为紫色，叶肉厚而脆，叶面生有短绒毛。成品茶之色、香、味均在乌龙茶之首，被誉为"茶中之王"。有民国时期县长吴石仙题"大红袍"。大红袍不仅为研究武夷山茶提供科研实物资料，而且大红袍由来、生长、采摘、加工、品质、功效的神秘色彩，各式各样的传说不一而足，从而衍生出了独特的"大红袍"文化。

④ 庞公吃茶处

镌于四曲平林渡口北岸，清康熙辛巳年（公元 1691 年），建宁太守庞垲到武夷山视察茶事，在此小憩饮茶，并留下"应接不暇""溪山胜外"题刻。其幕僚特在其流连处题刻"庞公吃茶处"。庞垲，字霁公，号雪崖，直隶任丘人。康熙十四年举人，相传庞垲在平林渡口茶馆品茗，因茶客众多，怠慢了太守，庞公幕僚即在岩壁上书"庞公吃茶处"。馆主得知庞公乃太守后，甚是惶恐，便在傍书"应接不暇"四字，以表歉意。

⑤古茶园

唐至民国，多处，主要分布于全景区内。有建于缓斜坡、谷底缓斜地的阶梯园和斜坡园，俗称"茶山"；有建于沿溪平地、沙洲、山头平地、谷底盆地的平地园；有建于岩隙或石隙的石座植园，为盆栽式茶园。为研究武夷山乃至中国茶业兴衰史的重要资料。

⑥古茶厂

明至民国，130处，分布于全景区，多是茶园、茶厂结合。茶园以岩划分，茶厂依岩而建，或利用岩边原有的庵、寺、旧寨，多为土木建筑，规模不大。大多已倾圮，仅留遗址或部分残垣，少数保存完好。为研究武夷山乃至中国茶叶兴衰史提供重要的实物资料。

⑦遇林亭窑址

宋，位于景区西北部，属半地穴式焰平斜面龙窑，地表堆积大量匣钵、罐、碗和釉色甘黑发亮、古朴美观的建盏，内有明晰兔毫纹残片。1958年全国第一次文物普查中发现，分布面积近 6 万 $m^2$。1998 年报国家文物局批准进行抢救性考古发掘。清理宋代两座半地穴式平焰斜面龙窑，其中一座长 73.2m，另一座长达 113.1m。两座窑基宽均约为 2m。发现了石构淘洗池、水井、排水沟、古路段、工棚基址等瓷器作坊遗迹。主要烧制黑釉瓷器，并以碗、盏类为主，一次约烧 8 万件。遇林亭传世品极少，多已流散境外。

（3）茶叶集散地是武夷茶万里茶道起点的见证

武夷山历史上的茶市，伴随着武夷茶的贸易繁荣而兴起，伴随着武夷茶对外贸易开展而兴盛，同样伴随着武夷茶外销的起伏而兴衰。武夷山市星村镇、下梅村、赤石村作为历史上的茶叶集散地，见证了武夷茶对外贸易发展史，也是万里茶道的起点。

星村镇地处武夷山腹地，民众多以茶为业，明末时就有"环九曲不下数百家，皆以种茶为业"。水路可顺九曲而下，直抵建州、福州。沿九曲而上过桐木关，可直抵江南四大名镇之一的河口镇。茶汇集河口镇后，经水路南下达广州，北上达恰克图。由于商贸云集，繁华时星村建有五大会馆，华语雕栋以江西会馆为最，此外还有福州、山西、广东及下府会馆。保留至今的是下府会馆，也称汀州会馆，现是天上宫，已被列为武夷山市级文物保护单位[1]。

据民国《崇安县新志》记载："1727 年（雍正五年），晋商至福建经营武夷岩茶，与其交易者，多为崇安下梅邹氏。下梅邹姓原籍江西之南丰。顺治年间邹元老由南丰迁上饶。其子茂章复由上饶至崇安以经营茶叶获资百余万，造民宅七十余栋，所居成市……武夷岩茶为茶之总称后，武夷茶市集崇安下梅，盛时每日竹筏三百艘，转运不绝"[2]。邹氏家祠是晋商在武夷山贩茶的重要实物遗存，已被列为武夷山市级文物

1 萧大喜. 武夷茶经 [M]. 北京: 科学出版社, 2008.
2 钟涛. 福建古村落的开发与保护 [D]; 厦门大学, 2014.

保护单位。

　　民国时期《崇安县新县志》记载："清初本县茶市在下梅、星村，道、咸间下梅废而赤石兴。"清末时，赤石茶行、茶厂林立，有19座运茶码头。根据凤凰博报的报道，由于1998年涨洪水时，赤石古街几乎全被淹没，再加上旁边机场占地，赤石村民大多迁到了距此地3km左右由政府统一规划的"赤石新村"，赤石村的茶商旧宅院已杂草丛生，溪边19座运茶码头均已废弃[1]。赤石码头和赤石古街已被列入"万里茶道"的遗址申报点[2]。

### 2.6.3.2　历史价值的真实性和完整性分析

　　历史价值的载体包括见证武夷山茶文化发展的文物古迹，即武夷山自然保护区内的箐楼、古茶道，风景名胜区内的御茶园遗址、茶政告示石刻、大红袍名丛、庞公吃茶处、古茶园、古茶厂、遇林亭窑址，星村镇、下梅村、赤石村内的会馆、家祠、老街、码头等古迹遗址。

　　武夷山风景名胜区内的茶文化相关的文物古迹保存较好，部分古建筑原址重建，破坏了遗址的真实性。如2000年香港兆祥集团在御茶园遗址上重建御茶园茶楼[3]。

　　武夷山市下梅村、赤石村的茶叶集散地的历史功能随着村子的发展或自然灾害等易发生改变，功能的真实性和街道格局的完整性受到较大的影响。下梅村为了适应旅游发展的需求，将原有的圩市改变，商业氛围逐年浓厚[4]。古建筑"原真性"破坏较为严重，建筑年久失修，新建、损坏现象频现；现代的生活方式替代了传统的聚居生活模式，致使村落的传统空间环境和风貌的完整性受到破坏[5]。赤石村由于1998年的洪涝灾害和机场占地，赤石古街几乎全被淹没，村民也大多搬迁至赤石新村。

　　武夷山自然保护区桐木村内的箐楼、古道尚未采取保护措施，也缺乏普查。据实地考察，桐木关附近还保留部分石砌古道，据当地人说是福建进入江西经过桐木关的茶马古道，尚未有考证研究。

### 2.6.3.3　茶文化景观价值载体分布（图2-17）

　　位于武夷山风景名胜区"三坑两涧"的正岩茶山、九曲溪生态保护区600～1200m海拔范围内的"寄植作"茶园[6]和福建武夷山自然保护区内"寄植作"茶园，是武夷山茶文化景观价值的载体。

　　"三坑两涧"是优质武夷岩茶的产区，也是最具代表性的茶文化景观所在地。"三坑"包括牛栏坑、慧苑坑、倒水坑；"两涧"则是流香涧、梧源涧。"三坑两涧"周边峭石林立，少阳光直射，迷雾笼罩，相对湿度大，在夏季茶树可避免阳光直射，在冬季可躲避西北寒风，并且岩隙流水保持常年供给，区内物种繁多，形成良性的生态循环链条，为茶树的生长提供了非常好的气候以及地理环境[7]。

1　万建辉. 重走中俄万里茶道"茶之源"之旅：武夷山篇之二（2014年8月10-11日）武夷山31枚老茶章首次面世／百年遗物见证茶道码头兴衰. http://liwan.blog.ifeng.com/article/34533288.html.

2　万里茶道专家组赴武夷山进行实地考察. http://www.np.gov.cn/cms/html/npszf/2016-10-13/1758315070.html. 2016-10-13.

3　荣生. 武夷山御茶园醉游人《人民日报海外版》. http://www.people.com.cn/GB/paper39/1940/311937.html（2000年11月14日第五版）.

4　钟涛. 福建古村落的开发与保护 [D]. 厦门：厦门大学. 2014.

5　吴勇，林书羽，林清秀. 福建传统村落保护的现状问题与对策思考——以南平市武夷山市下梅村为例 [J]. 中国民族博览. 2015. 10:207-209.

6　由于本研究的时间限制和高山茶园的可达性差，九曲溪生态保护区的茶园分布范围以海拔范围示意。

7　三坑两涧话岩茶. 东快网. http://digi.dnkb.com.cn/dnkb/html/2012-03/21/content_206932.htm.

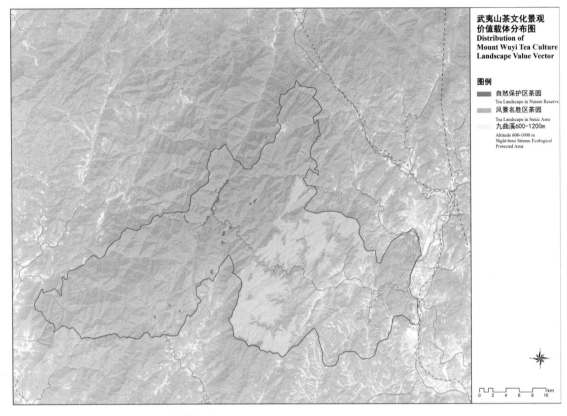

**■ 图 2-17 武夷山茶文化景观价值载体分布图**

#### 2.6.3.4 文化景观价值真实性和完整性分析

风景名胜区内茶园面积扩大，一定程度上破坏了原有的山水茶格局。20 世纪 90 年代初提倡开发山地种植茶叶，1992 年 12 月市政府提出力争在 5 ～ 7 年内新开发茶园 10 万亩，建设有特色、上规模的"武夷茶城"的战略目标[1]。这使得短短几年内风景名胜区茶园面积急剧增加，森林遭受砍伐，一定程度破坏了原有的茶文化景观。1986 ～ 1997 年，新增茶园面积 577.93hm²。1997 年政府采取措施开始整治茶山，茶园面积增速有所减缓，增加了 360.81hm²，但仍是各类景观类型中面积增加最多的[2]。

武夷山自然保护区内由于对茶园开垦的严格控制，尚未有大面积的茶园，茶园景观保护较好。

### 2.6.4 干扰因素分析

#### 2.6.4.1 历史价值干扰因素分析

对历史价值的干扰因素包括自然灾害、自然风化、人为破坏、影响历史文化氛围的设施建设、茶叶的产业化发展与机械化生产。

---

1 引自《武夷山志》http://www.lincha.com/chinese-tea/history-wuyishan-tea-garden-25.shtml.

2 游巍斌，何东进，黄德华，等．武夷山风景名胜区景观格局演变与驱动机制 [J]．山地学报，2011．06:677-687．

自然灾害，如洪灾、火灾等。武夷山属于山区，夏季降水集中，由于山区坡陡，河道狭窄，汇流迅速，易暴发山洪、滑坡、泥石流，这对于位于九曲溪流域两侧的桐木村、星村镇、下梅村、风景名胜区内的文物古迹以及古茶园等构成潜在威胁。桐木村留存的箐楼和风景名胜区内的古茶厂多是木结构建筑，火灾对其构成潜在威胁。

自然风化。风景名胜区内的御茶园遗址、石刻、古茶厂遗址易受风、雨侵蚀，面临着自然风化。

人为破坏。风景名胜区内分布的古茶厂有的仍在使用，有的已经随着茶业的兴衰而荒芜，现多遗存部分基址残垣以及遗迹。遗址面临着原址重建、改变位置等人为破坏的潜在威胁。

影响历史文化氛围的设施建设。下梅文化旅游综合体项目选址于下梅村[1]，可能会对下梅村的格局、历史文化氛围造成影响。

茶产业化发展和机械化生产。武夷山制茶的传统工艺面临着被机械化制作所替代的威胁。20世纪70年代前各茶厂和生产队都是手工制作，茶山实行包产到户后，起初茶农还是手工制作，后来逐步添有萎凋槽、手摇做青机和烤箱等。如今茶叶制作基本上是全部机械化：用采茶机、做青机、揉茶机、烘干机和色选机等[2]。

## 2.6.4.2　文化景观价值干扰因素分析

对文化景观价值的干扰因素包括自然灾害与违规茶山开垦。自然灾害，如洪灾、火灾等。违规茶山开垦。虽然政府已经采取了茶山整治措施，包括建立违法开垦茶山档案，对违法开垦茶山的单位和个人，林业部门不予办理林权证，已办理林权证的不予办理过户手续，从资金扶持、项目安排、品牌申报、证照办理年检等方面给予制约，并取消一切扶持政策。但是在茶叶经济的驱动下，依然面临着违规茶山开垦、茶园面积扩大的威胁。

茶文化价值与其他价值的矛盾分析：市场经济背景下，茶农往往因追求短期利益而片面追求茶叶的产量，毁林开山的茶山开垦和使用化肥增产的非生态友好管理在一定程度上加剧了茶文化价值与生态系统价值和生物多样性价值的矛盾。

茶园建设方式变化：过去茶场大多选在较阴湿地方，种以穴栽，以填客土为主；除草、挖山、平山全系人工，且讲究时节[3]。由于分山到户政策和茶叶市场经济的驱动，茶农毁林开山、将茶种到山顶上的现象频现。或在无人看守时，一次挖一点；或先种茶后砍树，慢慢蚕食侵吞山地，扩大茶园。根据武夷山市人大常委会2009年5月的专项调研，在主景区、九曲溪上游、小武夷公园等重要区域，即使是陡坡、山顶、脆弱地带等，都大面积毁林开山种茶，全市超过25°以上坡度的茶山达20%[4]。毁林开山种茶破坏了森林生态系统的完整性，影响了生物多样性，造成水土流失。茶地开垦对周边林地的蚕食：在原有茶地边缘的林地常受到小面积砍伐

1 http://www.wys.gov.cn/zfshow.aspx?Id=334453&ctlgid=25871132.
2 黄贤庚品茶"高手"质疑，武夷茶博会公众订阅号。
http://mp.weixin.qq.com/s?__biz=MzAwNjIwMzE3Mg==&mid=401245823&idx=1&sn=45e7d5aa0ef703cf6062bb18f8bde5f1&scene=23&srcid=03077a00sYMsAMBGWWNNkHF3#rd.
3 黄贤庚品茶"高手"质疑，武夷茶博会公众订阅号。
http://mp.weixin.qq.com/s?__biz=MzAwNjIwMzE3Mg==&mid=401245823&idx=1&sn=45e7d5aa0ef703cf6062bb18f8bde5f1&scene=23&srcid=03077a00sYMsAMBGWWNNkHF3#rd.
4 何亚平．武夷山：茶山乱象不再 [J]．人民政坛，2010.08:35.

逐步被改造成茶园，原有林地面积不断减少，林缘线收缩后退，阳性灌草不断侵入，致使林分退化。茶地复垦对生物多样性影响：茶地复垦清除林地上大量的林木和林下植物，破坏森林生物生存的环境，导致生物多样性急剧下降。水帘洞边的茶地撂荒多年，佛国岩的茶地新近采取过复垦措施，前者的多度指数、多样性指数和均匀度都高于后者，这说明复垦对生物多样性有显著影响。茶地开垦造成水土流失：茶地改新、补苗、取土、培土、开路、开排水沟和茶地用的蓄水池、管理不善且20世纪90年代开垦的茶地都没有石砌挡墙等均造成茶地的严重水土流失[1]。

### 2.6.4.3 茶园管理方式变化

过去茶园不施化肥或施农家肥。如今，较多茶园施用化肥、喷农药，尤其是九曲溪沿岸的茶园，对九曲溪流域的水质形成面源污染[2]。此外，不少茶农每年重复翻垦施肥，铲除草木，导致表土裸露、疏松，破坏草木根系固土作用，造成梯壁坍塌，水土流失[3]。

## 2.7 审美价值

### 2.7.1 价值阐述

武夷山以奇特秀丽的山峰、茂密葱郁的森林、曲折盘绕的溪流、清新宁静的茶园、缤纷斑斓的色彩、悠久深厚的人文景观，共同展现出鬼斧神工、天人和谐的美。

### 2.7.2 完整性分析

整体而言，武夷山审美价值的真实性完整性较好，各类景点、游览序列（如九曲溪）保存较好。但也有一些因素使得审美价值的真实性完整性有一定程度受损，例如：许多文化遗产仅存遗址、旅游高峰日影响体验氛围和访客的审美境界有待提升等。

### 2.7.3 干扰因素分析

审美价值及其保护对象的影响因素（干扰因素）包括人类活动、自然变化、外来文化等影响。

对于武夷山而言，需要特别注意人类活动造成的影响，例如旅游利用、设施建设、社区建设和城市扩张等。

1 引自《武夷山国家级风景名胜区总体规划（修编）说明书》（2011-2030）。

2 李灵，张玉，杜洪庆等.武夷山国家级风景名胜区九曲溪水环境质量变化趋势分析 [J].长江大学学报（自然科学版）农学卷. 2008. 03:63-68+113.

3 何亚平.武夷山：茶山乱象不再 [J].人民政坛. 2010.（08）：35.

第三章

# 武夷山自然保护地群与国家公园定位

# 3.1　情景分析方法

　　情景规划（Scenario Planning）是一种应对未来不确定性和复杂性的规划方法，能够系统连贯地思索、分析、评价和权衡各种可能性，并对其进行分析[1]。19世纪80年代，欧美的生态学与景观规划学家将情景规划方法运用于以可持续发展为目标的区域规划实践中，以协调保护与开发的矛盾。21世纪初，哈佛大学完成了加州潘德顿营区（Camp Pendleton）、宾州门罗县（Monroe）等项目的情景研究，密歇根大学的纳赛尔教授（Joan Iverson Iverson Nassauer）与其他多所大学合作完成了农业景观带情景研究等[2]。卡尔·斯坦尼兹（Carl Steinitz）将景观规划步骤总结为数据、信息、文化知识3种基础信息引导下的6类模型（表述模型、过程模型、评价模型、改变模型、影响模型、决策模型）反复"运算"的过程，将情景规划研究方法引入了景观规划[3]。在《变化的景观与多解规划》一书中，他以圣佩德罗上游流域规划为例，清晰地阐释了这一框架下的各个步骤、情景规划的应用以及整体框架的运作模式。

　　近几年在国外风景园林领域中的情景规划研究，包括情景的应用研究和情景规划的方法技术。在我国，情景规划在城市规划、以生态系统为切入点的空间规划中得到较多应用。以生态系统为切入点的空间规划中，情景规划也已在多种尺度上得到应用。从城市生态网络群的构建与优化，如湖南省城市群[4]到大区域规划，如波士顿地区未来发展规划[5]、污染问题为先导的长江流域规划[6]；到旅游区的总体规划[7]；各类公园，如湿地公园[8]、森林公园[9]的总体规划。同时，情景规划也应用到专项规划，如城市雨洪管理规划中[10]。

　　由此可见，情景分析、情景规划在研究生态系统内部关系、理清生态系统与其他系统的关系中发挥了重要作用，是面对复杂系统、不确定未来时的重要规划方法。

　　武夷山国家公园规划涉及的相关因素复杂，多个系统——自然生态、城市经济、社会文化相互关联，隐性相关因素较多且关系复杂，区域的未来不确定性较大。为保证本次研究考虑多方面要素、各群体利益，具有一定的弹性，便于决策者随动态变化进行权衡，本研究将使用情景规划对武夷山地区的自然保护地群范围、国家公园范围进行多方案比较，技术路线如图3-1所示。

　　基于对保护价值、与武夷山市主体功能区和生态红线方案的衔接等考虑，本研究划定了自然保护地群范围的3个方案。通过比较保护地的面积、具有保护价值区域纳入保护地群面积的百分比、保护地之间的连接度和对现状改变的难易程度等因素，本研究推荐选择连接度最好、涵

1　陈燡莎. 情景规划——一种新的规划态度、方法与过程. 2007中国城市规划年会 2007[C]：中国黑龙江哈尔滨.

2　俞孔坚，周年兴，李迪华. 不确定目标的多解规划研究——以北京大环文化产业园的预景规划为例 [J]. 城市规划，2004，28(3)：57-61.

3　卡尔·斯坦尼茨，迈克尔·弗拉柯斯曼，大卫·莫阿特，等. 变化景观的多解规划 [M]. 北京：中国建筑工业出版社，2008.

4　尹海伟，孔繁花，祈毅，等. 湖南省城市群生态网络构建与优化 [J]. 生态学报，2011，(10)：2863-2874.

5　孙帅. 波士顿大都会区的情景规划：探索城市未来发展的环境和社会影响 [J]. 风景园林，2013，(06)：96-102.

6　崔木花. 长江经济带污染排放问题及情景规划 [J]. 学术界，2015，(04)：218-227+327-328.

7　笪玲. 旅游区总体规划研究：理论及案例 [D]. 重庆：重庆师范大学，2010.

8　汪辉. 基于CLUE-S模型的湿地公园情景规划——以南京长江新济洲国家湿地公园为例 [J]. 长江流域资源与环境，2015，24(8)：1263-1269.

9　时宇，李明阳，杨玉峰，等. 基于CLUE-S模型的城市森林公园土地利用情景规划方法研究 [J]. 西北林学院学报，2014，(05)：163-168.

10　徐海顺. 城市新区生态雨水基础设施规划理论、方法与应用研究 [D]. 上海：华东师范大学，2014.

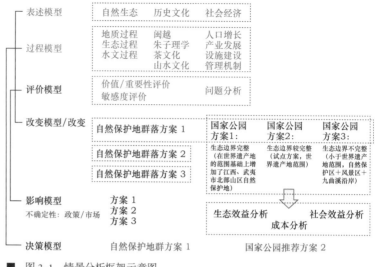

■ 图 3-1　情景分析框架示意图

盖具有保护价值的区域面积最大的自然保护地群方案一。

　　在自然保护地群方案一的基础上，本研究根据国家公园资源价值的完整性和管理机制划定了国家公园范围的三个方案。通过成本效益分析，本研究推荐选择方案二。

　　在国家公园范围方案二的基础上，本研究选择世界遗产地范围作为国家公园范围，基于价值保护和现有自然保护地分区情况、土地利用现状、武夷山市生态功能区以及周边自然保护地的实际情况制定了三个分区方案。通过情景分析，比较得出不同分区政策所产生的资源保护与利用强度的差异性。

## 3.2　情景分析：自然保护地群范围的多方案比较

### 3.2.1　规划思路

　　从生态文明建设的角度考虑，在建立国家公园体制的同时应完善自然保护地体系。因此本研究在考虑国家公园边界划定之前，先进行自然保护地群落的规划研究，为下一步的国家公园边界划定提供基础依据。

　　本研究的出发点是探讨武夷山自然保护地体系是否有扩大的可能、是否有将割裂的现状保护地整合为网络的可能，从而更加充分的发挥自然保护地的多重效益。因此规划思路是，在武夷山市现状保护地的基础之上，考虑是否可能将其他有重要生态价值的土地纳入自然保护地体系。本研究提出三种保护地群范围的方案，供决策者选择。

　　自然保护地群范围的规划依据主要来源于两个方面：第一是武夷山自然保护地现状，反映了自然保护地已经取得的进展；第二是武夷山市主体功能区方案、生态红线划定方案中已经开展的研究，特别是《武夷山市重要生态功能区图》和《生物多样性功能重要性评价图》，反映了具有较高生态价值，但没有被现有自然保护地体系覆盖的区域，也是有潜力纳入自然保护地体系的区域。

　　参照《国家生态保护红线——生态功能红线划定技术指南（试行）》，武夷山市生态功能红线的划定情况如下：结合武夷山市生态环境本底与生态功能区划的基本情况，全市共划定 2 大类（重要生态功能区、生态敏感与生态脆弱区）、12 亚类的生态功能红线区域。划定生态功能红线区域面积 1541.30km$^2$，占区域总面积的 54.80%[1]。

## 3.2.2　方案阐述

　　自然保护地群范围方案一（图 3-2）：方案一基于武夷山生态系统价值和物种多样性价值，选取了《福建武夷山市生态功能红线划定方案——重要生态功能区图》中的"自然保护区、风景名胜区、森林公园、重要水源涵养区、特殊物种保护重要区、水土保持功能重要区"，并加入了福建、江西武夷山国家级自然保护区全部区域作为自然保护地群。

　　方案一的主要数据如表 3-1 所示。

自然保护地方案一主要数据表　　　　　　　　　　　　　　　　　　　　　　　　　　　　　　　　　表 3-1

| 保护地类型 | 自然保护区 | | 风景名胜区 | 森林公园 | 重要水源涵养区 | 特殊物种保护重要区 | 水土保持功能重要区 | 总计 |
|---|---|---|---|---|---|---|---|---|
| | 福建武夷山 | 江西武夷山 | | | | | | |
| 面积（km²） | 565 | 160 | 62.2 | 74 | 707 | 299 | 12.8 | 1880 |

　　自然保护地群范围方案二（图 3-3）：方案二基于武夷山生态系统价值和物种多样性价值，选取了《福建武夷山市生态功能红线划定方案——重要生态功能区图》中的"自然保护区、风景名胜区、森林公园、重要水源涵养区、水土保持功能重要区"，并与《福建武夷山市生态功

1　资料来源：《武夷山市主体功能区建设方案》。

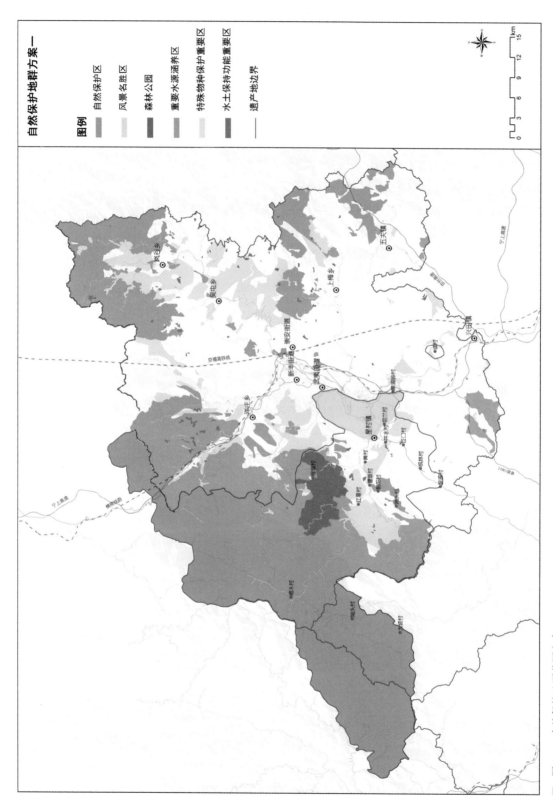

图 3-2　自然保护地群范围方案一

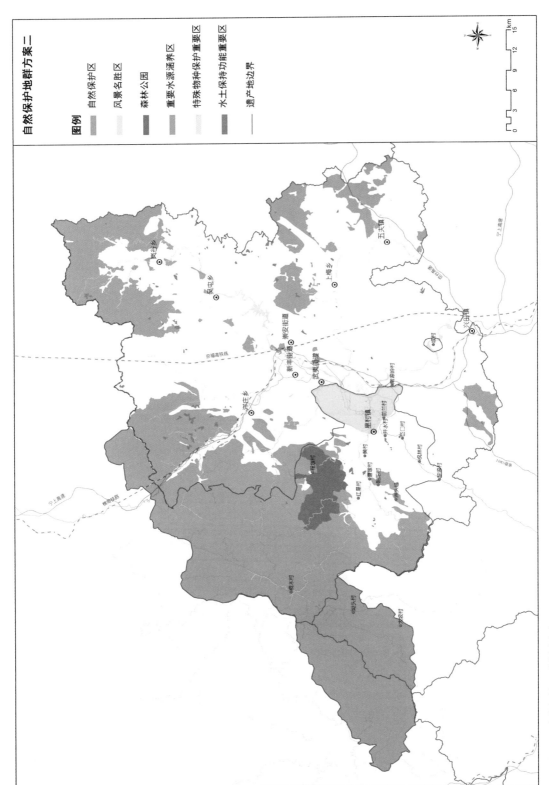

图 3-3　自然保护地群范围方案二

能红线划定方案——生物多样性功能重要性评价图》中的"高重要性区域"进行叠加选取重合区域，同时加入了福建、江西武夷山国家级自然保护区全域作为自然保护地群。

方案二的主要数据如表3-2所示。

**自然保护地方案二主要数据表**                                  表 3-2

| 保护地类型 | 自然保护区 | | 风景名胜区 | 森林公园 | 重要水源涵养区 | 水土保持功能重要区 | 总计 |
|---|---|---|---|---|---|---|---|
| | 福建武夷山 | 江西武夷山 | | | | | |
| 面积（km²） | 565 | 160 | 62 | 74 | 707 | 13 | 1581 |

自然保护地群范围方案三（图1-1）：方案三与武夷山保护地现状相同，已有自然保护地包括福建武夷山国家级自然保护区、福建武夷山国家级风景名胜区、武夷山国家森林公园、国家级水产种质资源保护区、武夷山东湖水利风景区、黄龙岩省级自然保护区和江西省武夷山国家级自然保护区。

方案三的主要数据如表3-3所示。

**自然保护地方案三主要数据表**                                  表 3-3

| 保护地类型 | 福建武夷山国家级自然保护区 | 武夷山国家级风景名胜区 | 武夷山国家森林公园 | 国家级水产种质资源保护区 | 武夷山东湖水利风景区 | 黄龙岩省级自然保护区 | 江西省武夷山国家级自然保护区 | 总计 |
|---|---|---|---|---|---|---|---|---|
| 面积（km²） | 565 | 62 | 74 | 12 | 18 | 48 | 160 | 939 |

### 3.2.3 多方案比较分析

方案一的优势在于，基于武夷山生态系统价值和物种多样性价值，最大程度地选取了武夷山市域内的重要生态功能区，涵盖了市域内各类已有自然保护地，并将福建、江西武夷山国家级自然保护区与这些功能区紧密连接，形成保护地网络。方案一的劣势在于，保护范围较大，部分功能区与城乡建设用地重合，土地赎买和保护措施的执行存在一定难度。

方案二的优势在于，与武夷山市生态功能红线划定方案的一级管控区基本重合，能够进一步加强对福建、江西武夷山国家级自然保护区外围区域的管理，有利于生物多样性高重要性区域的保护。方案二的劣势在于，西部的生态功能区被分割为多个版块，保护地群的景观连接度较低，不利于陆生生物迁徙廊道的形成，并存在城乡建设活动蚕食保护地的风险。

方案三的优势在于，与现有保护地范围相同，管理难度小，成本低。方案三的劣势在于，部分具有保护价值的区域未被纳入保护地群，存在遭受破坏的潜在威胁，对生态系统完整性的保护程度较低，详见表3-4。

武夷山市自然保护地群各方案组成情况一览　　　　　　　　　　　表3-4

| 组成部分 | 方案一 | 方案二 | 方案三 |
|---|---|---|---|
| 福建武夷山国家级自然保护区 | √ | √ | √ |
| 福建武夷山国家级风景名胜区 | √ | √ | √ |
| 武夷山国家森林公园 | √ | √ | √ |
| 国家级水产种植资源保护区 | √ | √ | √ |
| 武夷山东湖水利风景区 | √ | √ | √ |
| 黄龙岩省级自然保护区 | √ | √ | √ |
| 重要水源涵养区 | √ | √ | — |
| 水土保持功能重要区 | √ | √ | — |
| 特殊物种保护重要区 | √ | — | — |
| 总面积 | 1880.21km² | 1581.68km² | 939.67km² |

通过比较分析，可以清晰、直观地反映出三个方案在保护面积、保护价值完整性、保护地连接度、管理难度及成本方面的优势和劣势，从而指导下一步的国家公园边界划定（表3-5）。

武夷山市自然保护地群多方案优劣势比较　　　　　　　　　　　表3-5

| 方案一 | 方案二 | 方案三 |
|---|---|---|
| 保护面积最大 | 保护面积次之 | 保护面积最小 |
| 具有保护价值的区域均纳入保护地 | 具有保护价值的区域大部分（84%）纳入保护地 | 具有保护价值的区域小部分（50%）纳入保护地 |
| 保护地之间的连接度最好 | 保护地之间的连接度一般 | 保护地之间的连接度较差 |
| 对现状改变较大，管理难度大 | 对现状改变较大，管理难度较大 | 对现状改变较小，管理难度较小 |

基于上述比较，自然保护地群范围方案一的保护效果最为理想，建议方案一作为武夷山自然保护地群落的规划目标，采取分步实施的策略，在初始阶段以落实方案二为重点，然后分期逐步实现方案一。本研究也选定方案一作为研究对象，进一步划定武夷山国家公园范围。

## 3.3 情景分析：国家公园范围的多方案比较

### 3.3.1 规划思路

以自然保护地群方案一为基础，考虑国家公园价值完整性和管理机制改革难度，进行国家公园范围的多方案比较研究。

在研究国家公园边界划定方案时，重点考虑以下两个方面的内容。第一是该边界是否满足国家公园资源价值的完整性，包括生态系统价值、物种多样性价值、地质遗迹价值、历史文化价值和审美价值；第二是该边界会涉及的管理机制相关情况，特别是涉及的管理机构和权限，从而考虑该边界划定带来的管理机制改革难度。

进行国家公园边界划定的前提之一是对我国自然保护地提出重构设想：增加国家公园类型，保持原有类型，同时重新评估和调整现有各类型自然保护地的保护对象、资源品质和利用强度。在保护对象与资源品质方面，提出自然保护区和国家公园应共同代表我国不同类型的生态系统；国家公园与风景名胜区共同代表我国"最美"的自然山水；国家公园是综合价值最高的自然保护地类型，其他类型的自然保护地以保护单一价值为主要目标，详见表3-6。

**自然保护地保护对象与资源品质关系重构** 　　　　　　　　　　　　　　　　表3-6

| | 生态系统价值 | 物种多样性价值 | 地质遗迹价值 | 审美价值 | 历史文化价值 |
|---|---|---|---|---|---|
| 自然保护区 | ★★★★ | ☆☆ | ☆☆ | ☆ | ○ |
| | ☆☆ | ★★★★ | ☆☆ | ☆ | ○ |
| 国家公园 | ★★★★ | ☆☆☆ | ☆☆☆ | ★★★★ | ☆☆☆ |
| 风景名胜区 | ☆☆☆ | ☆☆ | ☆☆ | ★★★★ | ★★★ |
| 地质公园 | ☆☆ | ☆☆ | ★★★ | ☆☆ | ○ |

续表

| | 生态系统价值 | 物种多样性价值 | 地质遗迹价值 | 审美价值 | 历史文化价值 |
|---|---|---|---|---|---|
| 水利风景区 | ★ ★ | ☆ ☆ | ☆ ☆ | ☆ ☆ | ○ |
| 森林公园 | ★ ★ | ★ | ☆ ☆ | ☆ ☆ | ○ |
| 湿地公园 | ★ ★ | ★ | ☆ ☆ | ☆ ☆ | ○ |
| 城市湿地公园 | ★ ★ | ★ | ☆ ☆ | ☆ ☆ | ☆ |
| 海洋特别保护区 | ★ ★ ★ | ★ ★ | ☆ ☆ | ☆ ☆ | ☆ |

注：必须具备★；推荐具备☆；一般不具备○；数量表示价值大小。

表 3-7 对每一保护级别下各类利用方式的基本强度进行了简要规定，以方便在不同类型自然保护地之间进行比较。表 3-8 规定了各类自然保护地应设置哪个保护级别的分区，从而规定各自然保护地的利用强度。表 3-7 和表 3-8 为不同类型的自然保护地设定了相对统一的分区利用标准（这里仅关注各类型自然保护地在利用强度上的差异，而不涉及作为自然保护地都应遵守的那些普遍的"禁止性"原则）。

**各保护级别利用强度的基本要求**                                                              表 3-7

| 级别 | | 利用强度基本要求 |
|---|---|---|
| A 级 | 设施建设 | 禁止永久性设施 |
| | 生产生活 | 禁止居民生产生活活动 |
| | 游客活动 | 禁止游客进入 |
| | 管理活动 | 允许经审批的观测类科研活动 |
| B 级 | 设施建设 | 禁止永久性设施 |
| | 生产生活 | 禁止居民生产生活活动 |
| | 游客活动 | 禁止较大规模游客进入和活动 |
| | 管理活动 | 允许经审批的科研活动 |
| C 级 | 设施建设 | 允许游步道、解说牌示等对自然环境改变较小的必要游览设施 |
| | 生产生活 | 允许不影响价值保护目标和自然环境的居民生产生活活动 |
| | 游客活动 | 允许较大规模的游客进入，适宜的游憩利用方式 |
| | 管理活动 | 允许科研活动、不影响价值保护目标和自然环境的科研设施 |

| 级别 | | 利用强度基本要求 |
|---|---|---|
| D级 | 设施建设 | 允许游憩设施、管理设施、文化设施、特许设施、解说设施、基础设施、环境改造设施 |
| | 生产生活 | 允许不影响价值保护目标和自然环境的居民生产生活活动 |
| | 游客活动 | 允许较大规模的游客进入，适宜的游憩利用方式 |
| | 管理活动 | 允许科研活动、不影响价值保护目标和自然环境的科研设施 |

**自然保护地利用强度重构** 表3-8

| | A级 | B级 | C级 | D级 |
|---|---|---|---|---|
| 自然保护区 | ★ | × | ★ | ☆ |
| 国家公园 | ★ | ★ | ★ | ★ |
| 风景名胜区 | ☆ | ☆ | ★ | ★ |
| 地质公园 | × | ☆ | ★ | ★ |
| 水利风景区 | × | ☆ | ★ | ★ |
| 森林公园 | × | ☆ | ★ | ★ |
| 湿地公园 | × | ☆ | ★ | ★ |
| 城市湿地公园 | × | ☆ | ★ | ★ |
| 海洋特别保护区 | × | ☆ | ★ | ☆ |

注：★必须设置；☆推荐设置；不必设置×。

## 3.3.2 方案阐述

（1）国家公园范围方案一

基于自然保护地群范围方案一，对符合国家公园定位的保护地片区进行连接，从而划定武夷山国家公园范围方案一，以实现最理想的保护和利用效果（图3-4）。

在充分考虑现有保护地建制、分区和管理政策的前提下，对武夷山国家公园设定4个等级的利用强度区，由A级至D级，保护严格程度渐次减弱，利用强度渐次提升。

A级利用强度区：福建、江西武夷山国家级自然保护区的核心区，武夷山国家级风景名胜区的特级保护区，福建黄龙岩省级自然保护区的核心区。

B级利用强度区：福建、江西武夷山国家级自然保护区的缓冲区，武夷山国家级风景名胜区的一级保护区，九曲溪国家级水产种质资源保护区，福建黄龙岩省级自然保护区的缓冲区，武夷山国家级森林公园。

C级利用强度区：福建、江西武夷山国家级自然保护区的实验区，武夷山国家级风景名胜区的二级、三级保护区，福建黄龙岩省级自然保护区的实验区，武夷山市部分"重要水源涵养区、特殊物种保护重要区、水土保持功能重要区"。

D级利用强度区：世界遗产地内部分区域，横南铁路沿线部分区域。

（2）国家公园范围方案二

方案二使用了福建省试点方案的边界，但对试点方案的利用强度分区进行了调整。主要改变在原属福建省武夷山国家级自然保护区内，试点方案将缓冲区保护级别提升至与核心区一致，实现难度较大。本方案仍使用原有自然保护区的分区方式，保证自然保护区内针对各区的保护力度不降低。分区见图3-5。

保护地根据利用强度分级，分为A、B、C、D四个利用强度区，利用强度依次增大。各个利用强度区的具体组成部分如下。

A级利用强度区：福建省武夷山国家级自然保护区的核心区，武夷山国家级风景名胜区的特级保护区。

B级利用强度区：福建省武夷山国家级自然保护区的缓冲区，武夷山国家级风景名胜区的一级保护区。

C级利用强度区：福建省武夷山国家级自然保护区的实验区，武夷山国家级风景名胜区的二级、三级保护区，九曲溪上游保护地带（程墩、红星、洲头、曹墩、朝阳、黄村、桐木、星村8个行政村，扣除村庄区域）。

D级利用强度区：C级利用强度区中九曲溪上游保护地带村庄的建设区域。

（3）国家公园范围方案三

在武夷山世界遗产地边界之内，选取已设立的自然保护地包括：福建武夷山国家级自然保护区、武夷山国家级风景名胜区、九曲溪光倒刺鲃国家级水产种质资源保护区，划定武夷山国家公园范围方案三（图3-6）。

A级利用强度区：福建武夷山国家级自然保护区的核心区，武夷山国家级风景名胜区的特级保护区。

B级利用强度区：福建武夷山国家级自然保护区的缓冲区，武夷山国家级风景名胜区的一级保护区。

C级利用强度区：福建武夷山国家级自然保护区的实验区，武夷山国家级风景名胜区的二级、三级保护区，九曲溪沿岸。

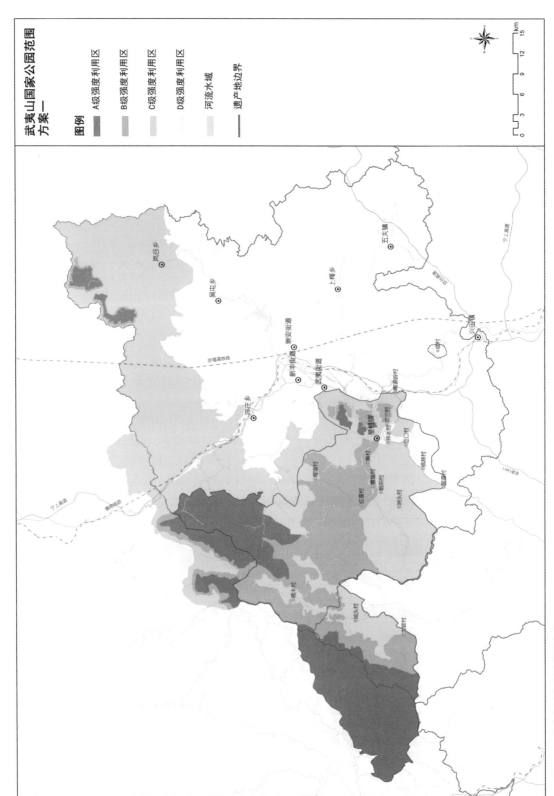

武夷山国家公园范围
方案一

图例

A级强度利用区
B级强度利用区
C级强度利用区
D级强度利用区
河流水域
遗产地边界

图 3-4　武夷山国家公园范围方案一

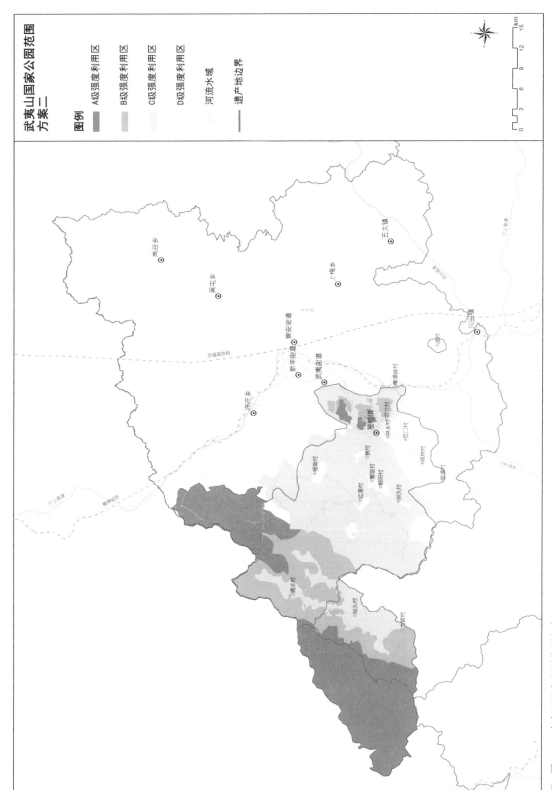

图 3-5　武夷山国家公园范围方案二

武夷山国家公园范围
方案二

图例

A级强度利用区
B级强度利用区
C级强度利用区
D级强度利用区
河流水域
遗产地边界

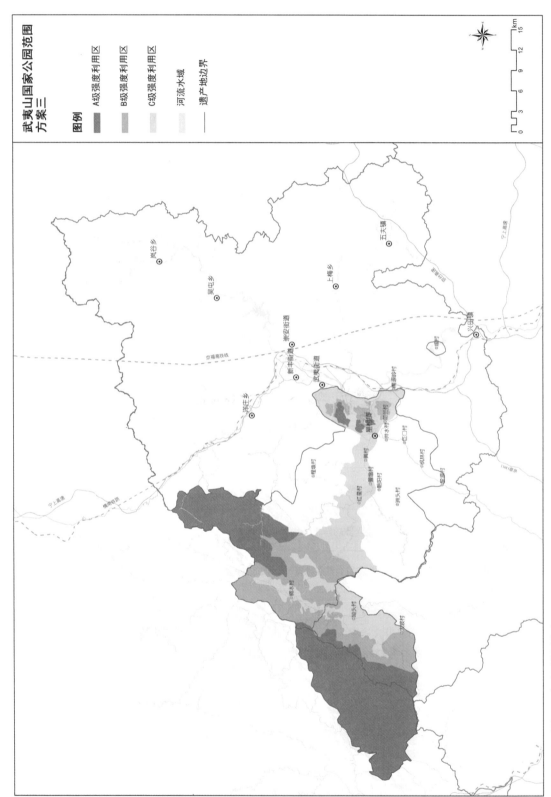

图 3-6 武夷山国家公园范围方案三

### 3.3.3 多方案比较分析

方案一的主要特点在于：保护面积大，各已有保护地之间的连接度高，其中，福建、江西武夷山国家级自然保护区均纳入国家公园范围并得到完整保护。方案一的实施难点在于：大部分 C 级利用强度区位于世界遗产地边界之外，需要对土地权属进行转换；需要在制度设计层面进行突破，从而实现两省自然保护区统一或联合管理。方案二使用了福建省武夷山国家公园体制试点方案。方案三的特点在于：保护面积小，物种资源保护区易受到侵蚀，对自然保护地现状改变程度较低，管理体制改革难度较小。各方案主要数据如表 3-9 所示。

**武夷山国家公园多方案的基本数据比较（单位：km²）** 表 3-9

| | 方案一 | 方案二 | 方案三 |
| --- | --- | --- | --- |
| A 级利用强度区 | 402.16 | 335.95 | 335.95 |
| B 级利用强度区 | 348.67 | 175.06 | 175.06 |
| C 级利用强度区 | 1015.99 | 447.60 | 195.05 |
| D 级利用强度区 | 42.98 | 20.70 | — |
| 总面积 | 1809.80 | 979.31 | 706.06 |

通过比较可知，方案一的保护面积最大，方案二次之，方案三最小。其中，方案二、方案三之间的主要差别体现在 C、D 两级利用强度区的面积不同。

## 3.4 成本效益分析与国家公园推荐方案

### 3.4.1 概念与方法

保护自然遗产与文化遗产应首先明确保护的对象，这需要从多学科的角度定义和描述遗产的价值，其过程本身就是一种价值判断。保护管理政策的制定和实施同样贯穿着多重价值的取舍与协调，通过成本效益分析的方式将不可量化的遗产价值转化为可以定量分析的生态效益和经济效益，从而比较不同保护方案对于遗产价值的短期即时影响和长期潜在影响。在比较的过程中，需要对保护效益和保护成本进行解析，其中涉及的相关概念和研究方法将在下文阐述。

成本效益分析（Cost-Benefit Analysis）是通过比较项目的全部成本和效益来评估项目价值的一种方法。成本效益分析作为一种经济决策方法，将成本费用分析法运用于政府部门的计划决策之中，以寻求在投资决策上如何以最小的成本获得最大的收益。常用于评估需要量化社会效益的公共事业项目的价值。非公共行业的管理者也可采用这种方法对某一大型项目的无形收益（Soft Benefits）进行分析。在该方法中，某一项目或决策的所有成本和收益都将被一一列出，并进行量化。

机会成本是指由于环境资源提供了一种服务而不能提供另一种服务所牺牲的福利或效益，在没有市场价格的情况下，环境资源使用的成本可以用所牺牲的替代用途收入来估算。在生态保护实施过程中，机会成本包括显性成本和隐性成本。显性成本指生产者因使用他人的生产因素，必须以货币对外支付的成本，可分为直接成本和间接成本。直接成本是指为实施生态保护项目付出的代价，包括耗费的资源和劳务等；间接成本则是间接引起的成本，即由于其供应关系和投入产出关系而产生的对其他部门（行业）或其他项目的影响所带来的成本。隐性成本指生态保护项目带来的不入账的环境和社会代价，即非现金成本，例如生态修复工程建设期间施工设备可能带来的干扰和危险等，赋予其货币价值非常困难；另一方面，生态保护项目限制了土地所有者利用这块土地获得收入的能力，这也是隐性成本。

## 3.4.2　效益分析

### 3.4.2.1　效益评估指标

遗产保护的效益分析应基于遗产价值类型建立评估指标体系。首先，遗产价值分为存在价值与使用价值，其中存在价值是保护对象的核心价值或本体价值，使用价值是其附属价值。各项价值可以通过各类分析方法（实际市场价格评估、模拟市场评估、替代市场评估等）转化为相应的关键指标，从而对价值进行评估和比较。表3-10列出了基于遗产价值的效益评估指标。

（1）地质地貌价值

通过对三项本体价值的比较确定，分别为丹霞地貌保护面积（IB1），罕见、典型丹霞地貌保护数量（IB2），九曲溪流域保护面积（IB3）。

**基于遗产价值的效益评估指标一览表**　　　　　　　　表 3-10

| 价　　值 | | 比较项 | 关键指标 | 编　号 |
|---|---|---|---|---|
| 存在价值 | 地质地貌价值 | 本体价值 | 丹霞地貌面积 | IB1 |
| | | | 罕见、典型丹霞地貌数量 | IB2 |
| | | | 九曲溪流域面积 | IB3 |
| | 生态系统价值 | 水源涵养价值 | 涵养水源量 | IB4 |
| | | 固持土壤价值 | 森林生态系统面积 | IB5 |
| | | 土壤保肥价值 | 土壤固持量 | IB6 |
| | | 减少泥沙淤积价值 | 土壤固持量 | IB6 |
| | | 净化空气价值 | 森林生态系统面积 | IB5 |
| | | 固碳吐氧价值 | 森林生态系统面积 | IB5 |
| | 物种多样性价值 | 本体价值 | 森林生态系统面积 | IB5 |
| | 茶文化价值 | 本体价值 | 茶文化历史价值载体数量 | IB7 |
| | | | 茶文化景观载体保护面积 | IB8 |
| | 朱子理学与其他文化价值 | 本体价值 | 文化价值载体保护数量 | IB9 |
| | 审美价值 | 本体价值 | 审美客体保护面积 | IB10 |
| 使用价值 | 游赏价值 | 景观游憩效益 | 访客量 | EB1 |
| | | | 访客满意度 | EB2 |
| | | | 人均每次游憩价值 | EB3 |
| | | 解说教育效益 | 解说价值的完整性 | EB4 |
| | | | 解说教育系统的质量 | EB5 |
| | | | 访客环保意识的提高程度 | EB6 |
| | 科研价值 | 科学研究效益 | 科研项目数量 | EB7 |
| | | | 科研机构完善度 | EB8 |
| | | | 科研设施设备的完善度 | EB9 |
| | 人居价值 | 农林水产效益 | 可再生资源的经营产值 | EB10 |
| | | 生态旅游效益 | 旅游直接收益 | EB11 |
| | | | 旅游间接收益 | EB12 |
| | | 增加就业效益 | 国家公园就业人数 | EB13 |
| | | 促进区域发展效益 | 居民从事旅游业人数 | EB14 |
| | | | 改善当地基础设施建设程度 | EB15 |
| | | | 优化投资环境程度 | EB16 |
| | | | 促进区域产业结构调整程度 | EB17 |

① 丹霞地貌面积：通过本体价值丹霞地貌保护面积（IB1）来判定。划定现有丹霞地貌分布，与不同方案取交集，确定不同方案对丹霞地貌的保护面积。计算各个方案中不同利用强度区丹霞地貌的分布面积，比较三个方案对丹霞地貌的保护力度。通过图纸与数据得出结论，三个方案对丹霞地貌的保护面积与力度相同，均覆盖了壮年早期的丹霞地貌。

② 罕见、典型丹霞地貌数量：通过本体价值典型丹霞地貌保护数量（IB2）来判定。标记国家风景名胜区中计入不同等级景点的丹霞地貌，即罕见与典型丹霞地貌地点，确定不同方案对罕见地貌的保护数量。统计各个方案中不同利用强度区罕见、典型的丹霞地貌数量，比较三个方案对罕见、典型丹霞地貌的保护力度。通过图纸与数据得出结论，三个方案对罕见、典型丹霞地貌的保护面积与力度相同。

③ 九曲溪流域面积：通过本体价值九曲溪流域保护面积（IB3）来判定。划定现有九曲溪流域范围，与不同方案取交集，确定不同方案对九曲溪流域的保护面积。计算各个方案中不同利用强度区九曲溪流域的面积，比较三个方案对九曲溪流域的保护力度。计算数据与比较见表 3-11，可以看出，方案一完整地保护了九曲溪流域，方案二保护面积略小，方案三保护面积最小。

武夷山国家公园九曲溪流域保护状况比较（单位：km²）　　　　　　　　表 3-11

|  | 方案一 | 方案二 | 方案三 |
|---|---|---|---|
| A 级利用强度 | 12.02 | 12.02 | 12.02 |
| B 级利用强度 | 255.34 | 110.93 | 110.93 |
| C 级利用强度 | 241.63 | 322.95 | 123.65 |
| D 级利用强度 | 31.72 | 20.70 | — |
| 总面积 | 540.71 | 466.60 | 246.60 |

（2）生态系统价值

生态系统价值通过 6 个比较项得到。方案一的森林生态系统面积为 1654.17km²，方案二的森林生态系统面积为 902.87km²，方案三的森林生态系统面积为 662.16km²。

① 水源涵养价值：采用影子工程价格法对森林涵养水源价值进行评估，首先用水量平衡法来计算森林水源涵养量：

$$\omega = (R - E - S) \times A$$

式中　$\omega$——年涵养水源量，mm；

　　　$R$——年平均降雨量，mm；

　　　$E$——年平均蒸散量，mm；

　　　$S$——年平均地表径流量，mm；

　　　$A$——森林生态系统面积，km²。

　　用水的影子价格乘以涵养水源总量即为森林生态系统水源涵养效益。水的影子价格由水库的单位库容造价确定，即按全国水库建设投资测算的每建设 1m³ 库容量需投入成本计算。武夷山市 2015 年年均降雨量 $R = 2501.2$mm；年平均蒸散量 $E = 2052.6$mm；年均地表径流量 $S = 21.9$mm；方案一森林生态系统面积为 1654.17km²，方案二森林生态系统面积为 902.87km²，方案三森林生态系统面积为 662.16km²；库容成本 0.67 元 /m³。经计算，方案一涵养水源价值为 47290.9 万元 / 年，方案二涵养水源价值为 25812.1 万元 / 年，方案三涵养水源价值为 18930.4 万元 / 年。

　　② 固持土壤价值：森林固持土壤价值即森林减少土地废弃损失的经济价值，即：土壤侵蚀总量 ÷ 土壤表层厚度 × 单位面积林业年平均收益。其中，土壤侵蚀总量 = 森林生态系统面积 × 土壤侵蚀模数。武夷山地区土壤侵蚀模数为 200m³/（hm²·年）；方案一森林生态系统面积为 1654.17km²，方案二森林生态系统面积为 902.87km²，方案三森林生态系统面积为 662.16km²。那么，方案一减少的土壤侵蚀总量为 3308.34 万 m³，方案二减少的土壤侵蚀总量为 1805.74 万 m³，方案三减少的土壤侵蚀总量为 1324.32 万 m³。平均土壤厚度为 0.6m，林业年平均收益为 400 元 /（hm²·年）。经计算，方案一的固持土壤价值为 220.6 万元 / 年，方案二的固持土壤价值为 120.4 万元 / 年，方案三的固持土壤价值为 88.3 万元 / 年。

　　③ 土壤保肥价值：森林生态系统维持土壤养分的作用主要表现为在减少土壤侵蚀过程中减少了养分的流失，这里主要考虑 N、P、K 三种养分元素。因此用研究区域土壤 N、P、K 的平均含量乘以土壤保持量就可得到森林固持 N、P、K 的总量，再乘以各自的市场价格即是土壤保肥价值。方案一减少的土壤侵蚀总量为 3308.34 万 m³，方案二减少的土壤侵蚀总量为 1805.74 万 m³，方案三减少的土壤侵蚀总量为 1324.32 万 m³。土壤容量为 1.3t/m³，则方案一减少的土壤养分损失量为 880382t，方案二减少的土壤养分损失量为 480525t，方案三减少的土壤养分损失量为 352415t。按照化肥平均价格为 2.549 元 /t 计算，方案一的土壤保肥价值为 224409 万元 / 年，方案二的土壤保肥价值为 122486 万元 / 年，方案三的土壤保肥价值为 89831 万元 / 年。

　　④ 减少泥沙淤积价值：森林生态系统减少泥沙滞留和淤积的价值可

用下式估算：

$$En = Ac \times 24\% \times C$$

式中　$En$——减轻泥沙滞留和淤积的经济价值，元/年；

　　　$Ac$——土壤侵蚀量，$m^3$/年；

　　　$24\%$——泥沙淤积百分比；

　　　$C$——库容成本，0.67元/$m^3$。

方案一减少的土壤侵蚀总量为3308.34万 $m^3$，方案二减少的土壤侵蚀总量为1805.74万 $m^3$，方案三减少的土壤侵蚀总量为1324.32万 $m^3$。经计算，方案一减少的泥沙淤积价值为532万元/年，方案二减少的泥沙淤积价值为290.4万元/年，方案三减少的泥沙淤积价值为213万元/年。

⑤ 净化空气价值：森林净化空气的功能主要表现为对$SO_2$和粉尘的吸收能力，运用市场价格替代法，以削减$SO_2$和粉尘的成本来估算森林生态系统净化空气功能的价值：

$$V_S = \omega \times q \times S$$

式中　$V_S$——森林净化$SO_2$的价值，万元/年；

　　　$\omega$——治理费用，万元；

　　　$q$——林木吸收$SO_2$的平均能力，kg/（$hm^2 \cdot$年）；

　　　$S$——森林生态系统面积，$hm^2$。

方案一森林生态系统面积为1654.17$km^2$，方案二森林生态系统面积为902.87$km^2$，方案三森林生态系统面积为662.16$km^2$；每削减1t$SO_2$的投资成本为600元；林木吸收$SO_2$的平均能力值为152.1kg/（$hm^2 \cdot$年）。经计算，方案一净化$SO_2$的价值为1509.6万元/年；方案二净化$SO_2$的价值为824万元/年；方案三净化$SO_2$的价值为213万元/年。滞尘量的计算方法同计算净化$SO_2$价值方法类似，林木的平均滞尘能力为21.65t/（$hm^2 \cdot$年），减少粉尘价格为170元/t。经计算，方案一滞尘的价值为60881.7万元/年；方案二滞尘的价值为33230.1万元/年；方案三滞尘的价值为24370.8万元/年。

综上，方案一净化空气的价值为62391.3万元/年；方案二净化空气的价值为34054.1万元/年；方案三净化空气的价值为24975.1万元/年。

⑥ 固碳吐氧价值：植物每生产1g干物质需要1.63g $CO_2$释放1.20g $O_2$，杉类、松类和阔叶林根据蓄积量计算生物量，然后乘生长率计算出相应的生产力；竹林的生产力为17.16t/（$hm^2 \cdot$年），经济林的生产力为7.09t/（$hm^2 \cdot$年）。$CO_2$的固定量和$O_2$的释放量分别为：

$$S_{CO_2} = 1.63 \times (\Sigma Vkr + \Sigma Pa)$$

$$S_{O_2} = 1.63 \times (\Sigma Vkr + \Sigma Pa)$$

式中　$V$——杉类、松类和阔叶林对应的总蓄积量，$m^3$；

　　$k$——杉类、松类和阔叶林蓄积量与全树生物量的转换系数，$t \cdot m^3$；

　　$r$——杉类、松类和阔叶林的蓄积量年增长率；

　　$P$——竹林和经济林生产力，$t/(hm^2 \cdot 年)$；

　　$a$——竹林和经济林面积，$hm^2$。

　　固碳造林的成本为 269 元 /t，工业制氧的成本为 400 元 /t。目前缺少研究范围内的林木积蓄量数据，因而无法定量估算固碳吐氧价值，但可以对三个方案进行定性比较。

　　生态系统价值汇总，如表 3-12 所示。

生态系统价值汇总表（单位：万元 / 年）　　　　　　　　　　　　　　　　表 3-12

| | 水源涵养价值 | 固持土壤价值 | 土壤保肥价值 | 减少泥沙淤积价值 | 净化空气价值 | 固碳吐氧价值 | 合计 |
|---|---|---|---|---|---|---|---|
| 方案一 | 47290.9 | 220.6 | 224409 | 532.0 | 62391.3 | — | 334843.8 |
| 方案二 | 25812.1 | 120.4 | 122486 | 290.4 | 34054.1 | — | 182763.0 |
| 方案三 | 18930.4 | 88.3 | 89831 | 213.0 | 24975.1 | — | 134037.8 |

　　（3）物种多样性价值

　　物种多样性价值的评估可采用多种方法，现在采用森林生态系统未受害树"可获得物种多样性"效益至少 124.5 元 /（$hm^2 \cdot$ 年）进行计算。

　　方案一森林生态系统面积为 $1654.17km^2$，方案二森林生态系统面积为 $902.87km^2$，方案三森林生态系统面积为 $662.16km^2$。经计算，方案一的物种多样性价值为 2059.4 万元 / 年，方案二的物种多样性价值为 1124.1 万元 / 年，方案三的物种多样性价值为 824.4 万元 / 年。

　　（4）茶文化价值

　　茶文化价值通过对两个本体价值的比较确定。包括茶文化历史价值载体数量（IB7）和茶文化景观价值载体面积（IB8）。

　　茶文化历史价值载体数量：通过比较范围内茶文化历史价值载体的保护数量（IB7）来判定。茶文化历史价值载体包括三类，即红茶文化载体：福建武夷山自然保护区内的箐楼；乌龙茶文化载体：武夷山风景名胜区内的茶文化历史文物古迹数量；以及茶文化交流见证的载体：茶叶集散地村镇数量。三个方案的范围内的茶文化历史价值载体的保护数量相同，都包括了所有箐楼、风景名胜区内的历史文物古迹和星村镇。各方案茶文化历史价值载体数量比较如表 3-13 所示。

武夷山国家公园茶文化历史价值载体数量比较 表 3-13

| | 方案一 | 方案二 | 方案三 |
|---|---|---|---|
| 箐楼 | 5 | 5 | 5 |
| 茶叶集散地村镇 | 1 | 1 | 1 |
| 文物古迹 | 5 | 5 | 5 |
| 总数量 | 11 | 11 | 11 |

  茶文化景观价值载体数量：通过比较范围内茶文化景观价值载体的保护面积（IB8）来判定。茶文化景观包括 3 部分：武夷山风景名胜区内的茶园、福建武夷山自然保护区内的茶园、九曲溪生态保护区内位于中山海拔（600～1200m）的"寄植作"茶园。比较三个方案范围内的茶文化景观价值载体的保护面积，差异体现在对九曲溪生态保护区范围内茶园的保护面积，方案一保护面积最大，覆盖了九曲溪生态保护区的中山海拔范围（600～1200m），而方案二略小于方案一，方案三最小。各方案茶文化景观价值载体比较数据如表 3-14 所示。

武夷山国家公园茶文化景观价值载体数量比较（单位：km²） 表 3-14

| | 方案一 | 方案二 | 方案三 |
|---|---|---|---|
| 自然保护区茶园 | 3.49 | 3.49 | 3.49 |
| 九曲溪流域 600～1200m 茶园 | 大（面积待查） | 略小于方案一（面积待查） | 小（面积待查） |
| 风景名胜区茶园 | 9.75 | 9.75 | 9.75 |
| 总面积 | 大 | 一般 | 最小 |

（5）其他文化价值

  标记文化价值载体，确定不同方案对文化价值载体的保护数量（IB9），以文化价值载体集中分布区域为比较项目。经分析，三个方案的其他文化价值基本相同。武夷山市文化价值载体主要有 3 处集中分布区域：风景区主景区、城村和五夫镇，其余载体零散分布。从文化价值载体集中分布区域的角度分析，三个方案均包括了风景区主景区，均未包括城村和五夫镇；从文化价值载体零散分布点的角度分析，三个方案基本没有差异。因此，三个方案的其他文化价值基本相同。

（6）审美价值

通过比较审美客体保护面积（IB10）来比较审美价值。在荒野审美价值方面，方案二与方案三相同，略低于方案一。大众观光游憩审美价值方面，方案一远大于方案二，方案二略大于方案三。武夷山以其奇特秀丽的山峰、茂密蓊郁的森林、曲折盘绕的溪流、清新宁静的茶园、缤纷斑斓的色彩、悠久深厚的人文景观，共同展现出鬼斧神工、天人和谐的美。B级区域反映荒野审美价值、C级区域反映大众观光游憩中的审美价值，因此主要比较三个方案中B级和C级区域的面积。通过比较可见，在荒野审美价值方面，方案二与方案三相同，略低于方案一；大众观光游憩审美价值方面，方案一远大于方案二，方案二略大于方案三。

（7）游赏价值

通过比较访客量来比较游赏价值。方案一的游赏价值最高，方案二的游赏价值其次，方案三的游赏价值相对较低。游赏价值中，三个方案不同的主要变量为访客量EB1。指标EB2、EB3、EB4、EB5、EB6主要与日常管理等其他因素相关，可视为相同。游赏价值大致与访客量正相关。访客量参考2013年武夷山各主要旅游景区点相关统计数据，武夷山市游客主要集中于风景区。三个方案均包括了风景区，三个方案的差异在于：森林公园、武夷源、大安源景区和潜在开发的游憩利用区。经过对三个方案的比较：方案一的游赏价值最高，是由于包括了大安源景区和潜在开发的游憩利用区（主要位于C级利用强度区）；方案二的游赏价值其次，比方案三多在森林公园和武夷源景区；方案三的游赏价值相对较低。相关数据详见表3-15。

**武夷山市2013年景区景点接待人数与3个方案比较分析**　　　　　　　　　　　　　　　表3-15

| | 景区景点名称 | 本年累计接待人数（万人） | 位置 | 方案一 是否包括 | 方案二 是否包括 | 方案三 是否包括 |
|---|---|---|---|---|---|---|
| 武夷山主景区 | 景点 | 92.80 | 风景区 | √ | √ | √ |
| | 竹筏 | 105.74 | | √ | √ | √ |
| | 观光车 | 92.95 | | √ | √ | √ |
| 武夷山周边景点 | 森林公园 | 2.64 | 森林公园 | √ | √ | |
| | 武夷源 | 2.17 | 九曲溪保护区 | √ | √ | |
| | 大安源景区 | 26.22 | 遗产地范围外 | √ | | |
| 比较 | | | | 322.52 | 296.30 | 291.49 |
| | | | | 最大 | 一般 | 最小 |

（8）科研价值

通过比较科研项目数量来比较科研价值。方案一的科研价值最高，方案二和方案三的科研价值相对较低。科学研究包括基础性科研、高端性科研、应用性科研。三个方案的差异在于EB7科研项目数量，可依据面积比推算。EB8与EB9相同。经过对三个方案的比较：方案一的科研价值最高，是由于包括较多的生态重要区域，能够提供的科研机会和科研项目数量较多。方案二和方案三的科研价值相对较低。

（9）人居价值

人居价值主要表现在农林水产效益、生态旅游效益、增加就业效益和促进区域发展效益等方面。

在农林水产效益方面：通过比较EB10可再生资源的经营产值来进行。因相关的生产活动只能在C级和D级利用强度区开展（允许不影响价值保护目标和自然环境的居民生产生活活动），农林水产效益与C级和D级利用强度区域的面积正相关。因此，比较C和D两级利用强度区的面积即可。三个方案比较：方案一的农林水产效益最高，约为方案二的两倍；方案二的农林水产效益其次；方案三的农林水产效益最低。

在生态旅游效益、增加就业效益、促进区域发展效益方面：生态旅游效益、增加就业效益、促进区域发展效益的基础为旅游直接收益，可用旅游直接收益EB11作为比较项。旅游直接收益参考2013年武夷山各主要旅游景区点相关统计数据（门票收入），武夷山市旅游门票收入主要集中于风景区。三个方案均包括了风景区，其差异在于：森林公园、武夷源、大安源景区和潜在开发的游憩利用区。由于方案一包括了大安源景区和潜在开发的游憩利用区（主要位于C级利用强度区），其价值最高；方案二的价值其次，比方案三多在森林公园和武夷源景区。方案三的价值相对较低。具体比较信息详见表3-16。

**武夷山市2013年景区景点门票收入与三个方案比较分析** 表3-16

| 序号 | 县市区名 | 景区景点名称 | 门票收入（万元） | | 位置 | 方案一 | 方案二 | 方案三 |
|---|---|---|---|---|---|---|---|---|
| | | | 本年本期累计数（万元） | | | 是否包括 | 是否包括 | 是否包括 |
| | 武夷山主景区 | 景点 | 10345.6 | | 风景区 | √ | √ | √ |
| | | 竹筏 | 10656.2 | | | √ | √ | √ |
| | | 观光车 | 6421.9 | | | √ | √ | √ |
| | 武夷山周边景点 | 森林公园 | 80.7 | | 森林公园 | √ | √ | |
| | | 武夷源 | 264.6 | | 九曲溪保护区 | √ | √ | |
| | | 大安源景区 | 647.2 | | 遗产地范围外 | √ | | |
| | 比较 | — | — | | — | 28416.12 | 27768.96 | 27423.69 |

## 3.4.2.2　效益分析汇总

将上文各项价值指标汇总，依据各项比较指标所得数据，横向比较三个方案的各项价值。数据汇总及价值比较详见表 3-17。

**效益分析汇总表**　　　　　　　　　　　　　　　　　　　　　　　　　　　　表 3-17

| 价　　　值 | | 比较项目 | 指　标 | 编号 | 方案一 | 方案二 | 方案三 |
|---|---|---|---|---|---|---|---|
| 存在价值 | 地质地貌价值 | 本体价值 | 丹霞地貌面积（km²） | IB1 | 43.87 | 43.87 | 43.87 |
| | | 本体价值 | 罕见、典型丹霞地貌数量（处） | IB2 | 31.00 | 31.00 | 31.00 |
| | | 本体价值 | 九曲溪流域面积（km²） | IB3 | 540.71 | 466.60 | 246.60 |
| | 生态系统价值（万元/年） | 水源涵养价值 | 涵养水源量 | IB5 | 47291 | 25812 | 18930 |
| | | 固持土壤价值 | 土壤保持量 | IB6 | 221 | 120 | 88 |
| | | | 有林地面积 | IB7 | | | |
| | | 土壤保肥价值 | 土壤 N、P、K 平均含量 | IB8 | 224409 | 122486 | 89831 |
| | | | 土壤保持量 | IB7 | | | |
| | | 减少泥沙淤积价值 | 土壤保持量 | IB7 | 532 | 290 | 213 |
| | | 净化空气价值 | 森林生态系统面积 | IB2 | 62391 | 34054 | 24975 |
| | | 固碳吐氧价值 | 森林生态系统面积 | IB2 | — | — | — |
| | 物种多样性价值（万元/年） | 本体价值 | 森林生态系统面积 | IB2 | 2059 | 1124 | 824 |
| | 茶文化价值 | 本体价值 | 茶文化历史价值载体数量（处） | IB9 | 11 | 11 | 11 |
| | | | 茶文化景观载体保护面积 | IB10 | 最大 | 一般 | 最小 |
| | 其他文化价值 | 本体价值 | 文化价值载体保护数量 | IB11 | 相同 | 相同 | 相同 |
| | 审美价值 | 本体价值 | 审美客体保护面积（km²） | IB12 | 1365 | 623 | 370 |
| 使用价值 | 游赏价值 | 景观游憩效益 | 访客量（万人次/年） | EB1 | 高 | 略低 | 略低 |
| | | | 访客满意度 | EB2 | | | |
| | | | 人均每次游憩价值 | EB3 | | | |
| | | 解说教育效益 | 解说价值的完整性 | EB4 | | | |
| | | | 解说教育系统的质量 | EB5 | | | |
| | | | 访客环保意识的提高程度 | EB6 | | | |
| | 科研价值 | 科学研究效益 | 科研项目数量 | EB7 | 高 | 较低 | 较低 |
| | | | 科研机构完善度 | EB8 | | | |
| | | | 科研设施设备的完善度 | EB9 | | | |
| | 人居价值 | 农林水产效益 | 可再生资源的经营产值（km²） | EB10 | 高 | 较低 | 低 |
| | | 生态旅游效益 | 旅游直接收益（万元/年） | EB11 | 高 | 略低 | 略低 |
| | | | 旅游间接收益 | EB12 | | | |
| | | 增加就业效益 | 国家公园就业人数 | EB13 | | | |
| | | | 居民从事旅游业人数 | EB14 | | | |
| | | 促进区域发展效益 | 改善当地基础设施建设程度 | EB15 | | | |
| | | | 优化投资环境程度 | EB16 | | | |
| | | | 促进区域产业结构调整程度 | EB17 | | | |

### 3.4.3 成本分析

#### 3.4.3.1 成本分析指标

成本主要包括直接成本和间接成本。直接成本是指直接投入于保护的经费或者建设；间接成本包括一些"软性"的投入，并不是直接进行补偿或用于保护的建设，而是在科研、制度建设或社区发展等方面需要的投入。表3-18列出了保护成本主要评估指标。由于部分指标目前无法进行精确统计，故本书提供了比较分析的主要理由，进行了定性的比较分析。

**保护成本评估指标一览表** 表 3-18

| 类 别 | 比较项目 | 关键指标 |
|---|---|---|
| 价值保护直接成本 | 生态补偿经费 | 生态公益林现状面积 |
| | 资源保护工程建设费 | 国家公园面积、工程数量 |
| | 经营权赎买费用 | 类型、数量 |
| 价值保护间接成本 | 科研经费 | 科研成本 |
| | 解说教育经费 | 软件、硬件建设经费 |
| | 管理体制改革 | 级别调整、沟通成本、人员成本 |
| | 社区发展奖补经费 | — |
| | 生态展示设施经费 | 设施类别、数量 |
| | 其他费用 | 国家公园面积 |

（1）生态补偿经费

生态补偿经费是指对国家公园范围内的生态公益林进行补偿，补偿标准参照《武夷山市生态公益林保护及管理责任书》，森林生态效益补偿标准为18.75元／（亩·年）。不同方案的比较数据详见表3-19。

**生态公益林面积比较** 表 3-19

| | 面积（万亩） | | | 均价［元／（亩·年）］ | 费用（万元／年） | | |
|---|---|---|---|---|---|---|---|
| | 方案一 | 方案二 | 方案三 | | 方案一 | 方案二 | 方案三 |
| 生态公益林补偿 | 172.61 | 116.11 | 97.94 | 18.75 | 3236.51 | 2177.13 | 1836.33 |

（2）资源保护工程建设费

以方案二（试点方案）为计算基准，由于武夷山国家公园的资源管护技术相对落后，因此需充分应用现代化科技来实现资源管护手段的信息化，2015～2020年期间开展，每年投入500万元；完善更新保护管理所、站的配套设施建设，2015～2020年期间开展，每年投入500万元。

在资源管护信息化方面，具体包括无人机巡护系统、远程视频监控系统、GPS跟踪系统、红外监测系统和无线通信系统升级等，投入成本与管护面积正相关，方案一的成本约为方案二的2倍，方案三的成本与方案二大致相同。在资源管护基础设施建设方面，具体包括站址扩建和供水、供电、通信、网络接收等基础设施。投入成本与管理所设置数量正相关，方案一的工程量约为方案二的1.5倍，方案三的工程量与方案二大致相同。具体比较分析情况详见表3-20。

**资源保护工程建设成本比较（单位：万元 / 年）**　　　　　　　　　表 3-20

|  | 方案一 | 方案二 | 方案三 |
|---|---|---|---|
| 资源管护信息化建设 | 1000<br>（成本约为方案二的2倍） | 500 | 500<br>（成本与方案二大致相同） |
| 资源管护基础设施建设 | 750<br>（工程量约为方案二的1.5倍） | 500 | 500<br>（工程量与方案二大致相同） |
| 总经费 | 1750 | 1000 | 1000 |

（3）经营权赎买费用

景区经营权赎买：对自然保护区周边已对外承包景区、景点的经营权进行等价赎买。

游览项目经营权赎买：根据国家公园分区管理要求，对不符合标准的私人承包观光车、竹筏漂流项目经营权进行等价赎买。

划入国家公园范围内的已承包景区、景点数量：方案一＞方案二＞方案三。

需要清退的游览项目数量：方案一＞方案二＞方案三。

（4）科学研究经费

以方案二（试点方案）为基准，其科学研究经费（2015～2017年）为600万元，包括基础性科研、高端性科研和应用性科研。方案一和方案三的科学研究经费依据与方案二的面积比推算，比较数据详见表3-21。

三个方案科学研究经费比较（单位：万元）　　　　　　　　　　　表 3-21

| | 方案一 | 方案二 | 方案三 |
|---|---|---|---|
| 基础性科研 | 370 | 200<br>（国家公园资源本底调查） | 144 |
| 高端性科研 | 370 | 200<br>（国家公园的生态功能研究） | 144 |
| 应用性科研 | 370 | 200<br>（林下经济和森林游憩等实用性科技推广研究） | 144 |
| 总经费 | 1110 | 600 | 432 |

（5）解说教育经费

以方案二（试点方案）为基准，即"为更好地发挥武夷山国家公园的生态科普教育功能，需要改造和提升室内科普教育设施、室外宣教设施和科普宣传制品，试点期间共需投入建设经费 1800 万元。"

在软件方面（解说词编写、标示牌制作、宣教影像制作、宣教图册制作等），三个方案的成本大致相同。在硬件方面（室内科普教育设施的改造、室外科普教育设施建设）比较其工程量，方案一的工程量约为方案二的 2 倍，方案三的工程量与方案二大致相同。比较分析详见表 3-22。

三个方案解说教育经费比较（单位：万元）　　　　　　　　　　　表 3-22

| | 方案一 | 方案二 | 方案三 |
|---|---|---|---|
| 室内科普教育设施的改造 | 1200<br>（工程量约为方案二的两倍） | 600<br>（包括武夷山自然博物馆的改造、武夷山自然保护区宣教馆维修和新建访客中心等） | 600<br>（工程量与方案二大致相同） |
| 室外科普教育设施建设 | 1200<br>（工程量约为方案二的两倍） | 600<br>（包括生态观测站和游客步道的建设） | 600<br>（工程量与方案二大致相同） |
| 解说词编写、标示牌制作、宣教影像制作、宣教图册制作等 | 600 | 600 | 600 |
| 总经费 | 3000 | 1800 | 1800 |

（6）管理体制改革成本

管理体制改革成本主要包括 3 部分：管理机构跨级别调整数量、人员调整数量以及沟通成本。沟通成本为不调整管理机构的级别和人员情况下所需要协调沟通的部门数量。

方案一涉及 7 个保护地管理机构的重组、约 2054 的人员调整、0 项沟通成本。方案二涉及 5 个保护地管理机构的重组、约（1940 ＋ x）的人员调整、2 项沟通成本。方案三涉及 4 个保护地管理机构的重组、约（1940 ＋ x － a）的人员调整、4 项沟通成本[1]。详见图 3–7 和表 3–23。

1　九曲溪光倒刺鲃国家级水产种质资源保护区、星村镇饮用水源地一、二级保护区、武夷山世界遗产地的管理机构人员数量不详，有待进一步调研。以 x 代替三个保护地管理机构的人员数量总和，a 代表武夷山世界遗产地的管理机构的人员数量。

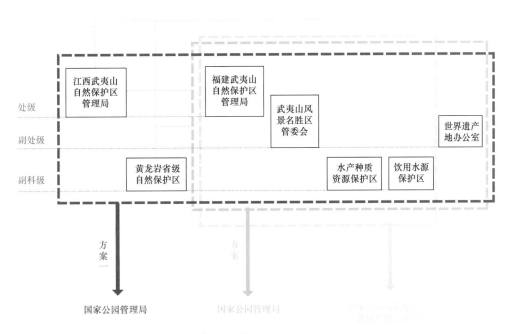

■　图 3–7　管理机构改革成本的三个方案比较示意图

**管理体制改革成本三个方案比较**　　　　　　　　　　　　　　　　　　　　　　　表 3–23

|  | 方案一 | 方案二 | 方案三 |
|---|---|---|---|
| 级别调整 | 7 | 5 | 4 |
| 人员调整 | 2054 ＋ x | 1940 ＋ x | 1940 ＋（x － a） |
| 沟通成本 | 1 | 2 | 4 |

方案一在跨级别调整管理机构和人员调整的成本最高，方案三沟通成本最高，方案二适中。

（7）社区发展奖补经费

社区补偿：集体所有林木征收，由于缺少江西武夷山国家级自然保护区林权数据，故计算方案一过程中缺少江西保护区集体林木面积。

方案二（试点方案）中提出试点期间共投入 6000 万元用于收储试点区九曲溪一重山人工商品林共 1306.7hm²，折合均价 3061 元／亩。2016 年 2 月武夷山市首批重点生态区位商品林收储共计 2115 亩，收储金达到 455.16 万元，折合均价 2152 元／亩。详见表 3-24。

集体所有林木征收的比较分析 表 3-24

| | 面积（亩） | | | 均价（元／亩） | 费用（万元） | | |
| --- | --- | --- | --- | --- | --- | --- | --- |
| | 方案一 | 方案二 | 方案三 | 2000 | 方案一 | 方案二 | 方案三 |
| 集体所有林木征收 | 1284160 | 838964 | 662580 | | 256832 | 167793 | 132516 |

（8）生态展示设施经费

新建和提升改造：为满足国家公园生态展示功能的访客服务设施，包括公园入口区、访客中心、展陈馆和生态停车场等；为保障国家公园生态游憩服务能力的公共基础设施，包括厕所和垃圾收集站等；园内道路改造。

运营：生态展示项目运营成本。

维护：生态展示设施养护成本。

国家公园生态展示设施投入成本：方案一＞方案二＞方案三。

（9）其他费用

其他费用主要为编制国家公园保护管理条例及实施细则、国家公园总体规划、国家公园详细规划、国家公园专题规划等的前期调研和文本编写费用。

投入成本：方案一＞方案二＞方案三。

### 3.4.3.2　成本分析汇总

三个方案的价值保护直接成本和间接成本汇总如表 3-25 所示。

**成本比较分析汇总表**　　　　　　　　　　　　　　　　　　　　　　　　　表 3-25

| 类　　别 | 比较项目 | 指　　标 | 方案一 | 方案二 | 方案三 |
|---|---|---|---|---|---|
| 价值保护直接成本 | 生态补偿经费 | 生态公益林现状面积（万元 / 年） | 3237 | 2177 | 1836 |
| | 资源保护工程建设费 | 国家公园面积、工程数量（万元 / 年） | 1750 | 1000 | 1000 |
| | 经营权赎买费用 | 类型、数量 | 高 | 中 | 低 |
| 价值保护间接成本 | 科研经费 | 科研成本（万元 / 试点期间） | 1110 | 600 | 432 |
| | 解说教育经费 | 软件、硬件建设经费（万元 / 试点期间） | 3000 | 1800 | 1800 |
| | 管理体制改革 | 级别调整 | 7 | 5 | 4 |
| | | 人员调整 | $2054 + x$ | $1940 + x$ | $1940 + (x - a)$ |
| | | 沟通成本 | 1 | 2 | 4 |
| | 社区发展奖补经费 | — | 高 | 中 | 低 |
| | 生态展示设施经费 | 设施类别、数量 | 高 | 中 | 低 |
| | 其他费用 | 国家公园面积 | 高 | 中 | 低 |

综合比较可知：方案一的价值保护成本最高，方案二的价值保护成本居中，方案三的价值保护成本最低。方案二除了在资源保护工程建设费、经营权赎买费用、解说教育经费、管理体制改革的成本与方案三一致，其他都高于方案三。

## 3.4.4　小结

综合上述 3 个方案的效益和成本分析比较，汇总如表 3-26 所示，表中的数值"1""2""3"分别表示"最优""中等""较差"。

效益 - 成本比较分析汇总表              表 3-26

| 价值/项目 | | 比较项目 | 方案一 | 方案二 | 方案三 |
|---|---|---|---|---|---|
| 存在价值 | 地质地貌价值 | 本体价值 | 2 | 2 | 2 |
| | | 本体价值 | 1 | 1 | 1 |
| | | 本体价值 | 1 | 1 | 3 |
| | 生态系统价值 | 水源涵养价值 | 1 | 2 | 3 |
| | | 固持土壤价值 | 1 | 2 | 3 |
| | | 土壤保肥价值 | 1 | 2 | 3 |
| | | 减少泥沙淤积价值 | 1 | 2 | 3 |
| 存在价值 | 生态系统价值 | 净化空气价值 | 1 | 2 | 3 |
| | 物种多样性价值 | 本体价值 | 1 | 2 | 3 |
| | 茶文化价值 | 本体价值 | 2 | 1 | 3 |
| | | | 1 | 1 | 3 |
| | 其他文化价值 | 本体价值 | 1 | 1 | 1 |
| | 审美价值 | 本体价值 | 1 | 2 | 3 |
| 使用价值 | 游赏价值 | 景观游憩效益 | 1 | 2 | 3 |
| | | 解说教育效益 | 1 | 2 | 3 |
| | 科研价值 | 科学研究效益 | 1 | 2 | 3 |
| | 人居价值 | 农林水产效益 | 1 | 2 | 3 |
| | | 生态旅游效益 | 1 | 2 | 3 |
| | | 增加就业效益 | 1 | 2 | 3 |
| | | 促进区域发展效益 | 1 | 2 | 3 |
| 成本 | 价值保护直接费用 | 资源确权与补偿经费 | 3 | 2 | 1 |
| | | 资源保护工程建设费 | 3 | 1 | 1 |
| | | 经营权赎买费用 | 3 | 1 | 1 |
| | 价值保护间接费用 | 科研经费 | 3 | 2 | 1 |
| | | 解说教育经费 | 3 | 1 | 1 |
| | | 管理体制改革 | 3 | 2 | 2 |
| | | 社区发展奖补经费 | 3 | 2 | 1 |
| | | 生态展示设施经费 | 3 | 2 | 1 |
| | | 其他费用 | 3 | 2 | 1 |

　　综合比较可知：方案一的存在价值和使用价值最高，同时成本最高；方案二持中，价值保护较好，成本中等；方案三价值最低，成本最低。结合保护地现状情况以及管理政策实施的考量，选择方案二作为国家公园方案。

　　国家公园的方案二是根据国家公园体制试点方案的范围图绘制，略小于遗产地范围，与体制试点方案的文字描述不一致，所以本研究将国家公园的方案二范围调整为遗产地范围。

## 3.5　自然保护地群定位

　　在选定武夷山国家公园范围方案二的基础上，进一步对武夷山市自然保护地群范围方案一中其他保护地的边界进行细化调整，并对这些保护地的类型进行定位，主要影响因素包括：自然资源属性、保护价值重要程度、土地利用现状、行政区划现状、保护地内及周边社区现状等。

　　国家公园范围内的各类自然保护地包括福建武夷山国家级自然保护区、福建武夷山国家级风景名胜区、武夷山国家森林公园、国家级水产种质资源保护区等，除武夷山世界自然和文化遗产地外，应全部取缔并整合，建立武夷山国家公园管理局、建立国家公园管理法律体系，改变武夷山遗产地由多部门切割管理的现状。各类自然保护地分布详见图 3-8。

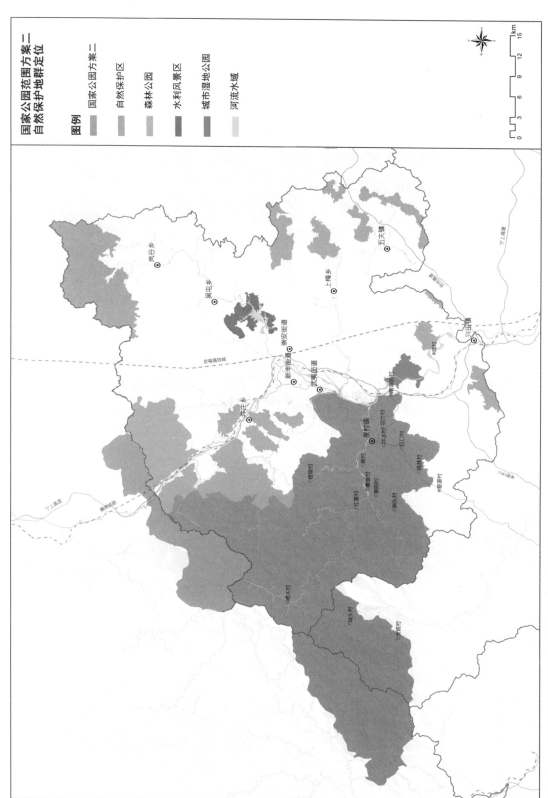

图例

国家公园方案二
自然保护区
森林公园
水利风景区
城市湿地公园
河流水域

国家公园范围方案二
自然保护地群定位

km
0  3  6  9  12  15

图 3-8　基于国家公园范围方案二的自然保护地群定位

第四章

# 武夷山国家公园
# 分区规划研究

本研究综合考虑对武夷山地区价值的分析，依据保护强度从高到低、利用强度从低到高的原则，将管理空间划分为严格保护区、生态保育区、游憩展示区和传统利用区共4类，并应用情景分析方法开展武夷山国家公园分区规划的多方案比较。

## 4.1　规划思路

### 4.1.1　分区影响因素

本研究将基于国家公园范围方案二进行分区规划。分区规划（Zoning）是以有效保护国家公园价值体系为核心目标的空间管理手段，并且需要综合考虑以下3类影响因素。

（1）与现有自然保护地管理政策的衔接

目前，规划范围内已设立了福建武夷山国家级自然保护区、武夷山国家级风景名胜区和武夷山国家森林公园，在国家公园分区划定的过程中需要与上述保护地的分级、分类和分区管理政策进行协调和衔接，其中涉及的国家法律法规和行业规范包括《中华人民共和国自然保护区管理条例》《风景名胜区规划规范》和《森林公园总体设计规范》。各类保护地分区管理规定如表4-1所示。

我国自然保护地分区规定　　　　　　　　　　　　　　　　　　　　　　　　　　　　　　表4-1

| 保护地类型 | 功能分区 | 相关规定或说明 | 依据 |
|---|---|---|---|
| 自然保护区 | 核心区 | 禁止任何单位和个人进入；除依照本条例第二十七条的规定经批准外，也不允许进入从事科学研究活动 | 《自然保护区条例》 |
| | 缓冲区 | 只准进入从事科学研究观测活动 | |
| | 实验区 | 可以进入从事科学试验、教学实习、参观考察、旅游以及驯化、繁殖珍稀、濒危野生动植物等活动 | |
| 风景名胜区 | 特级保护区 | （1）风景区内的自然保护核心区以及其他不应进入游人的区域应划为特级保护区；（2）特级保护区应以自然地形地物为分界线，其外围应有较好的缓冲条件，在区内不得搞任何建筑设施 | 《风景名胜区规划规范》（GB 50298-1999） |
| | 一级保护区 | （1）在一级景点和景物周围应划出一定范围与空间作为一级保护区，宜以一级景点的视域范围作为主要划分依据；（2）一级保护区内可以安置必需的步行游赏道路和相关设施，严禁建设与风景无关的设施，不得安排旅宿床位，机动交通工具不得进入此区 | |

| 保护地类型 | 功能分区 | 相关规定或说明 | 依据 |
|---|---|---|---|
| 风景名胜区 | 二级保护区 | （1）在景区范围内，以及景区范围之外的非一级景点和景物周围应划为二级保护区；（2）二级保护区内可以安排少量旅宿设施，但必须限制与风景游赏无关的建设，应限制机动交通工具进入本区 | 《风景名胜区规划规范》（GB 50298-1999） |
| | 三级保护区 | （1）在风景区范围内，对以上各级保护区之外的地区应划为三级保护区；（2）在三级保护区内，应有序控制各项建设与设施，并应与风景环境相协调 | |
| 森林公园 | 资源保护区 | 森林公园内的地质遗址、遗迹、珍稀、濒危物种分布区域、生态敏感度较高的区域，具有重大科学文化价值或其他保存价值的生物物种及其环境。该区严格限制游憩活动的开展，仅供观测研究和进行科学试验 | 《森林公园总体设计规范》（LY/T 2005-2012） |
| | 适度游憩区 | 森林风景资源较为集中，景观质量较为良好，具有一定游憩价值的，可进行一定程度人类游憩活动的区域。其开发程度介于高密度游憩区和资源保护区之间 | |
| | 高密度游憩区 | 高密度游憩区是指同时具有人文与自然景观，或是具有地方特色的游憩体验活动，较易吸引游客逗留，游憩密度较高的区域，多为已开发或具有较多人为设施的区域 | |
| | 接待服务区 | 接待服务区是指用于相对集中建设宾馆、饭店、购物、娱乐和医疗等接待服务项目及其配套设施的区域 | |

（2）行政区边界

选定方案跨越了武夷山市、南平市和光泽县，而行政区边界始终在显性维度上影响着自然保护地的划定与管理，因此国家公园分区规划应充分考量各层级的行政区边界，避免地缘政治因素成为分区管理政策实施的阻力。

（3）与土地利用现状的协调

由于规划范围内包含多个行政村和自然村，土地权属分散，农用地和建设用地散落山间，土地赎买和人口转移的难度较大，需要将上述现实情况纳入决策考量，并在分区边界上进行协调。

## 4.1.2 分区构成

国家公园内依据保护强度从高到低、利用强度从低到高，将管理空间划分为严格保护区、生态保育区、游憩展示区和传统利用区共 4 个级别的区域。其中，严格保护区是森林生态系统保存最完整、核心资源集中分布、自然环境脆弱的地域，应保护其自然状态及演替过程。生态保育区是严格保护区的生态屏障，维持较大面积的原生生态系统，生态敏感度较高，具有重要科学研究价值或其他存在价值的区域。游憩展示区可以细分为专业展示区和大众游憩区，前者是保护具有代表性和重要性的自然生态系统、物种资源和自然遗迹等的区域；后者是风景资源较为集中，景观质量良好的区域，承担国家公园内教育、展示、游憩等功能，允许在保护的前提下设置观光、住宿、饮食、娱乐等游览设施。传统利用区是本地社区生产、生活，有限利用资源和开展多种经营活动的区域，可用于展示当地特有文化，也可作为社区参与国家公园游憩活动的主要场所。

## 4.2 分区规划方案阐述

在相同地理单元内实施不同的分区管理措施将产生不同模式的人地互动关系，通过情景分析法，将不同分区政策所产生的资源保护与利用强度差异性进行比较，分区政策包括资源保护、游憩管理、设施建设和社区发展等方面。

### 4.2.1 分区规划方案一

分区规划方案一基于现有自然保护地分区边界，将国家公园划分为严格保护区、生态保育区、专业展示区、大众游憩区和传统利用区共5个区域。分区规划图详见图4-1，各分区所包含的区域和面积信息详见表4-2。

各分区的管理政策如下：

严格保护区：禁止任何单位和个人进入，从事科学研究活动须经过省级以上国家公园行政主管部门批准；禁止建设任何建筑物和构筑物。

生态保育区：在国家公园管理机构批准的情况下，允许进入从事科学研究和观测活动；允许建设保护、科研监测类型的建筑物和构筑物。

游憩展示区-专业展示区：只允许少量游客进入，可以从事科学试验、教学实习、参观考察、低干扰游憩展示以及驯化、繁殖珍稀和濒危野生动植物等活动。可以设置必要的步行道和游览交通设施，严禁开展与自然资源保护方向不一致的参观、游览项目。在保护生态的前提下，鼓励当地社区适度发展林下经济，传承传统茶叶制作工艺。

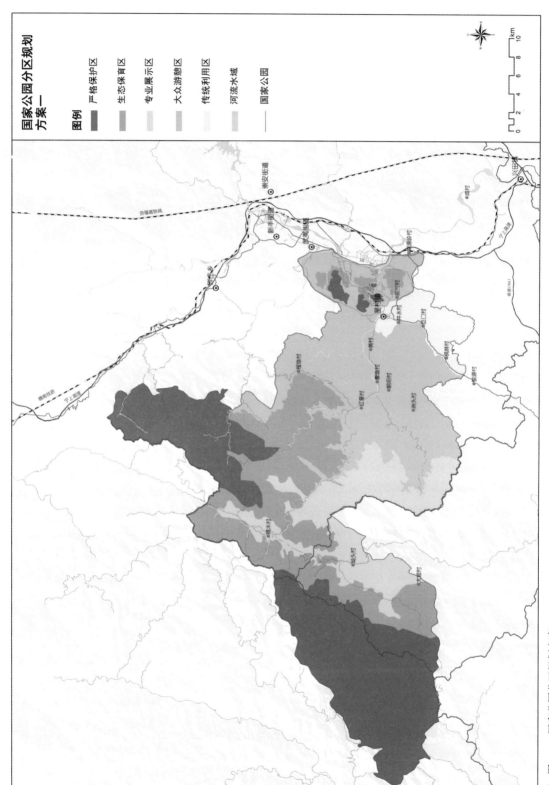

图 4-1　国家公园分区规划方案一

分区规划方案一构成明细　　　　　　　　　　　　　表 4-2

| 功能分区 | | 面积（km²） | 比例（%） | 分区组成 |
|---|---|---|---|---|
| 严格保护区 | | 335.38 | 33.16 | 武夷山自然保护区核心区＋武夷山风景名胜区特级保护区 |
| 生态保育区 | | 222.47 | 21.99 | 武夷山自然保护区缓冲区＋武夷山风景名胜区一级保护区＋武夷山森林公园（西、中部）＋九曲溪上游保护带(西北部) |
| 游憩展示区 | 专业展示区 | 139.76 | 13.82 | 武夷山自然保护区实验区＋九曲溪上游保护带（西部） |
| | 大众游憩区 | 271.15 | 26.81 | 武夷山风景名胜区二级保护区、三级保护区＋武夷山森林公园（东部）＋九曲溪上游保护带（东南部） |
| 传统利用区 | | 42.72 | 4.22 | 武夷山风景名胜区西南区域 |
| 总计 | | 1011.48 | 100.00 | — |

游憩展示区 – 大众游憩区：在满足最大环境承载力、不破坏自然资源的限制下，自驾车可以预约进入，适度开展观光娱乐、游憩休闲、餐饮住宿等游览服务；分区内禁止大规模的建设开发，游览设施应尽量节地。加强对当地村落和文化遗存的历史研究；新建民宅不能破坏村落原有格局和风貌，色彩、高度和材质等均应与自然环境相协调。

传统利用区：控制分区内游览设施和民居的建设规模及风貌；通过建立生态补偿机制、社区参与机制等方式强化社区居民的环境保护意识，引导其可持续利用自然资源，对传统生产经营活动规范化管理。

总之，分区规划方案一基于现有自然保护地分区边界，保留了福建武夷山国家级自然保护区的核心区范围作为严格保护区，进一步扩大了缓冲区和实验区范围作为生态保育区并与九曲溪保护地带连通，使国家公园内最核心的地质地貌价值载体、生态系统价值载体和生物多样性价值载体得到完整保护。

## 4.2.2　分区规划方案二

分区规划方案二基于现有自然保护地分区边界，将武夷山国家公园试点区划分为严格保护区、荒野保护区、游憩展示和传统利用区 4 个分区，共计 4 个保护级别。分区方案详见图 4-2，分区构成详见表 4-3。

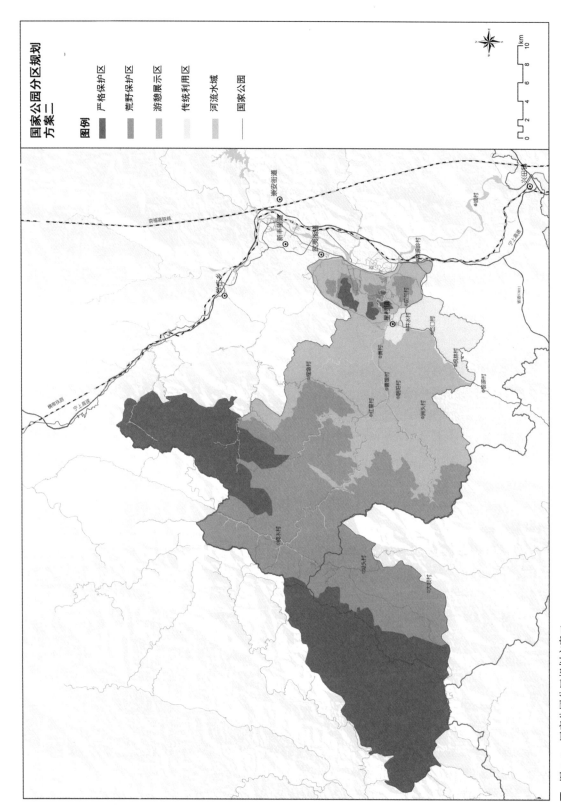

图 4-2　国家公园分区规划方案二

**分区规划方案二构成明细**　　　　　　　　　　　　　　　　　　　　表 4-3

| 功能分区 | 面积（km²） | 比例（%） | 分区组成 |
| --- | --- | --- | --- |
| 严格保护区 | 335.38 | 33.16 | 武夷山自然保护区核心区＋武夷山风景名胜区特级保护区 |
| 荒野保护区 | 362.23 | 35.81 | 武夷山自然保护区缓冲区＋武夷山自然保护区实验区＋武夷山风景名胜区一级保护区＋武夷山森林公园（西、中部）＋九曲溪上游保护带（西北部）＋九曲溪上游保护带（西部） |
| 游憩展示区 | 271.15 | 26.81 | 武夷山风景名胜区二级保护区、三级保护区＋武夷山森林公园（东部）＋九曲溪上游保护带（东南部） |
| 传统利用区 | 42.72 | 4.22 | 武夷山风景名胜区西南区域 |
| 总计 | 1011.48 | 100 | |

　　在此，重点阐述荒野保护区的定义和划定意义。荒野的特征表现在自然过程占主导，保存着自然的特征和影响力。荒野的核心价值在于保护荒野区中的生物多样性和生态过程，其他价值包括提供精神、文化和社会等多重效益。荒野区的管理应以保护荒野价值和特征为核心，即保存其自然状态，因此应禁止机动车道路修建、伐木或采矿等建设，同时可以提供相对原始状态的游憩机会。访客在荒野区中能够体验到较为原始与纯净的自然，从而获得孤独或神圣的体验，这种体验是在游客较多或人工设施密集区域无法得到的，也是在严格保护区无法得到的，因此荒野区的游憩管理需要更加严格和细致。

　　本研究初步探索了在武夷山国家公园试点区设置荒野保护区的可能性。这种探讨的意义在于，提供了一种从荒野考虑的视角，强调现状为荒野状态的景观在未来应尽量减少人类干扰，避免开展大规模的旅游活动，避免机动车交通和人工设施的过多建设，避免社区发展侵占过多的自然空间。在选定荒野保护区范围时，考虑了现有的自然保护地分区，同时重点考虑了景观受到人类干扰的程度，从而将那些相对干扰较少（特别是机动车路和人工设施建设较少）的区域选定为荒野保护区。这也是方案二的特征。需要指出，荒野区范围的划定还需要更深入的荒野制图研究和公众参与，本研究只作了初步探讨。

　　各分区的主要保护目标如下。严格保护区：森林生态系统保存最完整、核心资源集中分布、自然环境脆弱的地域，保护其自然状态及演替过程；荒野保护区：保护荒野特征和价值，保护具有代表性和重要性的自然生态系统、物种资源和自然遗迹等的区域，并提供具有原始特征的游憩机会；游憩展示区：风景资源较为集中，景观质量良好的区域，承担国家公园内教育、展示、游憩等功能，允许设有观光、住宿、饮食、娱乐等游览设施；传统利用区：现有社区生产、生活，有限利用资源和开展多种经营的区域，可用于展示当地特有文化（茶、理学）及其遗存物，也可作为社区参与国家公园游憩活动的主要场所。

根据上述主要功能，各分区的管理措施如下。严格保护区：禁止任何单位和个人进入，从事科学研究活动须经过省级以上国家公园行政主管部门批准；禁止建设任何建筑物、构筑物；荒野保护区：允许从事科学研究、观测活动；允许开展极小规模的荒野体验；除特殊情况外，禁止新建人工建筑物、构筑物、机动车道路等人工设施。游憩展示区：允许游客进入，可以从事科学试验、教学实习、参观考察、低干扰游憩展示以及驯化、繁殖珍稀、濒危野生动植物等活动。可以设置必要的步行道和相关设施，严禁开展与自然资源保护方向不一致的参观或游览项目；自驾车可以预约进入，适度开展观光娱乐、游憩休闲、餐饮住宿等游览服务；分区内禁止大规模的建设开发，游览设施应尽量节地。传统利用区：控制分区内游览设施和民居的建设规模及风貌；通过建立生态补偿机制、社区参与机制等方式强化社区居民的资源保护意识，引导其可持续利用自然资源，对传统生产经营活动规范化管理。分区游览设施管理政策详见表4-4、表4-5。

总之，分区规划方案二除考虑现有自然保护地分区边界外，从荒野的角度考虑分区规划，强调现存为荒野状态的景观应尽量减少人类干扰，包括旅游活动、设施建设和社区发展等方面。

**分区游览设施管理政策一览表**　　　　　　　　　　　　　　　　　　　　　　　　　　　　表4-4

| 功能分区 | 游览设施布局原则 | 游览设施建设管控 |
|---|---|---|
| 严格保护区 | 区域内禁止设置任何游览设施，已建设的应立即拆除 | |
| 荒野保护区 | 应在进入分区的道路卡口处设置国家公园警务站，阻止来自未预约的访客误入该区域 | 禁止建设人工游览设施 |
| 游憩展示区 | 充分利用分区内现有解说咨询设施，在关键资源节点增设解说牌及停留观赏点；分区内允许观光车（国家公园运营）通行，统一乘车点位于大众旅游区内；访客在区域内留宿须预约备案，社区居民可利用宅基地开设民宿接待访客，露营地由国家公园管理，禁止访客在山林中私设营地；访客中心建议设置在桐木村内，可与武夷茶文化推广相结合。自驾车(满足国IV排放标准)进入分区须进行预约登记，由公园管理机构统一颁发限时通行标识，并控制每日进入总量，分区内设置小型停车场；分区内允许在建设用地范围内设置小型住宿设施和餐饮设施，鼓励设置自动贩卖机，尽可能降低商业氛围 | 民宿建筑应与村落风貌相协调，社区居民可将宅基地使用权有偿租赁给国家公园，公园管理机构通过特许经营的方式引入外部资本对乡土建筑进行合理改造，营造武夷正山茶园文化；桐木村访客中心建筑层数不宜超过2层，解说咨询处、救护站、警务站、投诉站可设置在该建筑内部。住宿设施建筑层数不宜超过3层，建筑风貌应与自然环境和谐，内部装潢应整洁朴素，宜体现地域民俗风情；分区内所提供的餐饮服务不得铺张，社区居民自发经营的农家乐项目须在公园管理机构登记备案，并加设环保处理装置 |

续表

| 功能分区 | 游览设施布局原则 | 游览设施建设管控 |
|---|---|---|
| 传统利用区 | 自驾车（满足国Ⅳ排放标准）进入分区须进行登记备案，可在公园入口服务区内集中设置大型生态停车场及餐饮、购物设施；大型住宿设施宜布局在建设用地密集区域 | 大型住宿设施建设须进行环境影响评估，由公园管理机构申报上级管理部门批准后方可实施；国家公园东大门服务区选址应进行专项规划研究 |

**分区游览设施配置一览表**　　　　　　　　　　　　　　　　　　　　　　　　　　　　　　　表 4-5

| 功能分区 | 解说咨询 | | | 游览交通 | | | | 住宿 | | | | 餐饮 | | | 购物 | | | | 娱乐 | | | 环卫 | | 医疗 | | | 访客管理 | | | |
|---|---|---|---|---|---|---|---|---|---|---|---|---|---|---|---|---|---|---|---|---|---|---|---|---|---|---|---|---|---|---|
| | 博物馆、展览馆 | 解说咨询处 | 解说牌、展示牌 | 观光车 | 自驾车 | 索道 | 游船/竹排 | 大型住宿设施 | 小型住宿设施 | 民宿 | 露营地 | 餐厅 | 饮食店 | 饮食点 | 商店 | 集市 | 商亭 | 自动贩卖机 | 演艺 | 体育 | 民俗 | 环保公厕 | 废弃物箱 | 医院 | 诊所 | 救护站 | 访客中心 | 警务站 | 投诉站 | 稽票点 |
| 严格保护区 | × | × | × | × | × | × | × | × | × | × | × | × | × | × | × | × | × | × | × | × | × | × | × | × | × | × | × | × | × | × |
| 荒野保护区 | × | × | × | × | × | × | × | × | × | × | × | × | × | × | × | × | × | × | × | × | × | × | × | × | × | × | × | × | × | × |
| 游憩展示区 | ▲ | ▲ | ▲ | ▲ | △ | × | △ | × | △ | ▲ | △ | ▲ | ▲ | ▲ | ▲ | × | △ | ▲ | ▲ | △ | ▲ | ▲ | △ | △ | ▲ | ▲ | ▲ | ▲ | ▲ | ▲ |
| 传统利用区 | ▲ | ▲ | ▲ | ▲ | ▲ | ▲ | ▲ | △ | ▲ | ▲ | △ | ▲ | ▲ | ▲ | ▲ | ▲ | ▲ | ▲ | △ | △ | ▲ | ▲ | ▲ | △ | ▲ | ▲ | ▲ | ▲ | ▲ | ▲ |

注：×禁止设置；△可以设置；▲应该设置。

## 4.2.3　分区规划方案三

分区规划方案三与试点方案相同。本章节内容均摘录自《武夷山国家公园体制试点区试点实施方案（2015-2017 年）》（以下简称《试点方案》），为便于比较，下文按照本研究框架对其进行了调整和总结。

分区规划方案三（即试点方案）基于现有自然保护地分区边界，将武夷山国家公园试点区划分保护级别由高到低的 4 个分区，分别为特别保护区、严格控制区、生态展示区和传统利用区。分区方案详见图 4-3，分区构成详见表 4-6。

■ 图 4-3  分区规划方案三(试点方案)

图片来源:《福建武夷山国家公园体制试点区试点实施方案(2015-2017 年)》

分区规划方案三构成明细                                          表 4-6

| 功能区 | 面积（km²） | 比例（%） | 范围 |
|---|---|---|---|
| 特别保护区 | 490 | 50.1 | 自然保护区的核心区和缓冲区、风景名胜区的特级保护区 |
| 严格控制区 | 93 | 9.5 | 自然保护区的实验区、风景名胜区的一级保护区 |
| 生态恢复区 | 375 | 38.3 | 风景名胜区的二级保护区、三级保护区以及九曲溪上游保护带（扣除村庄区域） |
| 传统利用区 | 21 | 2.1 | 九曲溪上游保护带涉及村庄区域 |
| 总计 | 979 | 100 | |

注: 表中所用面积为校正面积。本研究发现,《试点方案》中涉及的分区面积存在图文不符问题,本研究依据其图纸进行了重新测算。

　　4 个分区保护级别依次降低,利用级别依次升高,主要功能由保护自然逐步变化到居民生活生产。各分区的主要保护管理目标如下。特别保护区:保护天然状态的生态系统、生物进程,珍稀和濒危动植物的集中分布的区域,生态系统必须维持自然状态。严格控制区:保护有代表性和重要性的自然生态系统、物种和遗迹;生态展示区:向公众展示试点区的遗产价值和进行生态文明教育的区域;传统利用区:原住居民生活和生产的区域,允许原住居民开展适当的生产、建设活动。

　　各分区主要通过控制人员进入、设施建设和住民游客活动来对区域进行管理。具体的管理措施如下。特别保护区：生态系统必须维持自然状态；禁止任何人进入（科考人员经过审批可以进入）；禁止任何设施建设；未提及有关该区域内社区居民的管理政策。严格控制区：可以安置必要的步行游览道路和相关设施，未提及旅游服务设施建设的相关政策；允许进入从事科学试验、教学实习、低干扰生态旅游以及驯化、繁殖珍稀、濒危野生动植物等活动；严禁开展与自然保护区保护方向不一致的参观旅游项目；未提及有关该区域内社区居民的管理政策。生态展示区：允许游客进入，严格控制旅游开发和利用强度，可有少量的管理及配套服务设施，禁止与遗产价值展示及生态文明教育无关的设施建设；通过征收、置换等手段，逐步将区内商品林调整为生态公益林，培育以阔叶树为主的林分，提高试点区的整体生态功能；未提及有关该区域内社区居民的管理政策。传统利用区：允许原住居民开展适当的生产活动，要求原住居民的生活生产活动、设施，如公路、停车场和环卫设施等，必须与生态环境相协调。

　　总之，分区规划方案三在现有的自然保护区和风景名胜区分区框架中，提升了原有自然保护区缓冲区的保护级别，并特别考虑了村庄的建设发展需求。单独将村庄建设和生产用地划分为传统利用区，形成几个设施集中的区域，为试点区村庄发展旅游服务业提供政策支撑。但保护强度较高的两个区，未对社区给出明晰的引导政策。

## 4.3　分区规划的多方案比较

　　三个方案都是基于对保护和利用的综合考虑制定分区方案，不同之处在于功能分区的类型、资源保护的严格程度和传统利用区的范围。

　　分区规划方案一基于现有自然保护地分区边界，保留了福建武夷山国家级自然保护区的核心区范围作为严格保护区，进一步扩大了缓冲区和实验区范围作为生态保育区并与九曲溪保护地带连通，使国家公园内最核心的地质地貌价值载体、生态系统价值载体、生物多样性价值载体得到完整保护。分区规划方案二除考虑现有自然保护地分区边界外，从荒野的角度考虑分区规划，强调现存为荒野状态的景观应尽量减少人类干扰，包括旅游活动、设施建设和社区发展等方面。分区规划方案三在现有的自然保护区和风景名胜区分区下，提升了原有自然保护区缓冲区的保护级别，并特别考虑了村庄的建设发展需求。三个分区规划方案的共同点是综合考虑了保护和利用的关系，不同之处在于功能分区的类型、资源保护的严格程度和传统利用区的范围。

在分区类型方面，方案一将武夷山国家公园试点区划分为严格保护区、生态保育区、专业展示区、大众游憩区和传统利用区5个分区；方案二将武夷山国家公园试点区划分为严格保护区、荒野保护区、游憩展示区和传统利用区5个分区；方案三将武夷山国家公园试点区划分特别保护区、严格控制区、生态修复区和传统利用区4个分区。由上述比较可知，方案一、方案二明确了游憩展示区，方案一细分了游憩体验机会，将游憩展示区细分为专业展示区和大众游憩区，方案二强调了荒野保护与荒野游憩机会，而方案三没有设置游憩展示区。

在资源保护的严格程度方面，与方案三相比，方案一、方案二在保护力度上都有所加强。方案一提高了武夷山国家森林公园的保护级别，提高了九曲溪上游部分区域（包括村庄区域）的保护级别（对比现状和武夷山市的生态主体功能区划）；方案二应用了荒野保护理念，设置了荒野保护区，并进一步提高了九曲溪上游西部地区的保护级别，同时提高了自然保护区实验区的保护级别；方案三虽然明确了生态修复区，提出了通过征收、置换等手段逐步将区内商品林调整为生态公益林，但传统利用区嵌套在生态修复区内，缺乏对流域生态整体保护的考虑。

在传统利用区的范围方面，方案一、方案二明确了社区发展的集中区域——武夷山风景名胜区的西南区域，包括星村镇镇区，对位于其他分区的社区通过管控措施以分类调控；方案三将九曲溪上游保护地带涉及的村庄区域划为传统利用区，较为分散，村庄区域的边界不规则，边界划定的实施可操作性不强。

第五章

# 武夷山国家公园
# 专项规划研究

本研究在价值保护、游憩机会与访客体验、解说教育、游览设施、社区管理规划和监测规划共 6 个方面为武夷山国家公园制定专项规划。

## 5.1　价值保护

### 5.1.1　地质地貌价值保护策略

针对武夷山丹霞地貌、九曲溪流域和动植物化石的地质地貌价值，综合考虑其在完整性方面受不当建设、不当生产、不当游客行为威胁的问题，提出协调城市、村镇建设，引导村民生产，控制茶园面积、提升游客管理等四项保护策略。

（1）划定地质地貌保护区域，协调城市建设，管控村民建设

将各个时期价值较高丹霞地貌区和九曲溪需保护的区域进行界定，并对这其中的建设活动严加管控。

对《武夷新区城市总体规划 2010-2030》《福建省武夷山国家风景名胜区总体规划 2013-2030（修编）》中原武夷山国家风景名胜区北侧的规划内容提出修订建议，减弱开发强度，或调整为公园用地，以避免大量城市道路穿过，保护壮年老期和老年期丹霞地貌。

结合社区发展规划，在整个国家公园中对村民的建设活动进行管控，在划定范围内禁止建设，形成一套针对村民建设活动的申报、审批、建设和监管制度。

（2）引导村民生产活动，防止毁林垦山，适当退茶还林

九曲溪流域森林覆盖率将影响其地貌价值，对村民的生产生活进行一定引导，防止村民砍树毁林或过度开垦茶山。在必要的区域，实行退茶还林。

严格控制国家公园范围内森林与毛竹的砍伐。适当引导游憩展示区和传统利用区进行水稻与林下经济种植，减少毛竹采伐与加工在当地村民收入中所占的比重。

（3）国家公园范围内，严格控制茶园面积

严格保护区和生态保育区内，禁止扩建或新增茶园；游憩展示区、传统利用区内，茶园的扩建和新建需经由国家公园管理局审批；对位于25° 以上的陡坡、地质灾害点、基本农田、生态公益林地和集中式饮用水地表水源保护区，以及九曲溪的两侧山上的茶园应予以退茶还林。

（4）重视游客管理教育，防止化石被采集践踏

在化石区域设置防护措施，或建设栈道将人与化石隔开。设立解说

牌并增添管理人员，加强对访客的解说教育，完善惩处措施，对违反规定的游客进行惩处，保证动植物化石完好和安全。

## 5.1.2 生态系统价值保护策略

（1）开展生态资源本底调查

生态系统为人类提供了自然资源和生存环境两个方面的多种服务功能，这些服务功能的可持续供给是社会经济平稳发展的重要支撑。应对规划范围内的生态资源本底进行野外调查，建立统一口径的基础数据库以实现资源精细化管理；其次，将规划范围内的土地利用变化情况纳入评估过程，并作为生态系统服务管理实践的重要依据，核算管理措施成本，为制定不同尺度管理决策提供支撑。

（2）强化土地利用管理

武夷山国家公园的生态系统价值在于其拥有的中亚热带森林生态系统面积之大、植被类型之全和生态服务功能之广，而目前规划范围内存在多种使用性质和权属类型的建设用地，部分规划实施项目和生产建设活动与国家公园发展定位相左。对此，应以保护国家公园价值体系为首要目标，强化土地使用管理，防止武夷山森林生态系统遭到人为侵蚀，严控盲目性开发建设。对于有碍国家公园资源保护并已建成的各类项目，应有效识别用地位置、边界及产权，通过限制规模、土地赎买置换等措施逐步外迁。

在武夷山国家公园正式批复成立前，应放缓规划范围内新增建设项目和旅游开发活动的审批进度，杜绝市场投机行为，待国家公园总体规划统一平衡用地规模并划定设施建设区。在重要生态功能区内进一步恢复自然林地面积（如退耕还林），扩大上游水源涵养区和野生动物栖息地保护面积。

（3）科学调控访客规模

通过门票实名预约、大数据采集分析和智慧景区平台等新型管理工具对国家公园访客规模进行科学调控，严格限定专业展示区内访客密度和游览足迹，防止游览活动对区内植物群落结构造成负面影响；对濒危物种栖息地和重要生态廊道划定游览禁入区，并根据访客随身定位客户端进行追踪监测，如有访客违反规定，经警示无效后取消游览资格。

对于大众游憩区内的热门景点，可凭借路线引导、交通工具调配等管理手段实现访客错峰分流，避免因过度踩踏而造成的地表裸露、土壤板结等问题。

（4）引导社区经济精细化发展

落实国家公园特许经营制度，强化本土品牌意识，将过去靠山吃山

的传统经营思路转变为精耕细作、品质为先的发展理念。国家公园管理
机构既要通过管理政策约束茶园面积，也需形成多方合力积极拓展武夷
茶文化传播渠道，提高茶叶产品的附加价值，避免以量代质的盲目开
垦。"一紧一松"，通过切实的经济收益使社区居民们认识到本土品牌
价值与武夷山自然生态系统的依存关系，进而自发地去守护这片青山
绿水。

　　（5）生态补偿机制设计

　　生态补偿制度，是指以经济调节为主要手段平衡各利益相关者之间
的诉求矛盾，由享受生态系统服务功能的一方向维持该服务可持续供给
的一方提供补偿，受付方的具体行为包括：参与生态系统保育、主动放
弃或减少生态系统使用价值的经济收益。这种补偿机制可以使生态系统
的存在价值得到定量转化，相较于以往的义务制，经济刺激手段在本地
社区中也更具有吸引力和可持续性。在补偿标准方面，应公平、客观地
对待不同地区社会经济发展水平的差异，确定合理的补偿标准，具体的
资金收集渠道、项目补偿标准、补偿支付方式等内容在"社区补偿机制"
章节论述。

## 5.1.3　生物多样性价值保护策略

　　（1）加大保护资金投入

　　目前对武夷山投入的保护资金来源相对单一，野外监测设施建设及
维护费用主要由垂直管理部门承担，设备换代升级需求迫切。武夷山国
家公园成立后，在既有的国家（地方）专项资金支持下，还应将公园游
览门票收入和特许经营收入反哺于自然资源保护项目，国家公园管理机
构对专用资金拥有独立支配权，压缩使用审批层级。另一方面，邀请专
业科研机构在园区内共同投资建设野外监测设施，在不涉及国家机密的
情况下，所获得的一手数据与外部实时共享，有效减轻设备日常维护
负担。

　　（2）扩充科研队伍实力

　　通过长短聘结合、岗位因需流转等政策，吸引专业技术人才前来武
夷山国家公园工作。在短期聘用上尽量简化手续，以项目定岗位，以需
求纳人才，将武夷山丰富的本底资源和宽松的研究环境作为扩展科研队
伍的核心吸引力；在长期聘用方面，力争实现省内自然保护地人才联动
配合，对于高素质的专业人员应给予一定的流转空间，分季候、分区域
地配置科研力量，最大限度地转化科研效能。同时，进一步拓展与外部
科研机构的合作方式，在遵循分区管理政策的前提下，提高外部资源介
入比例，共享研究转化成果。

（3）创新科普教育方式

科教宣传是国家公园保护管理工作的重要展示窗口，传统的解说教育和科普宣传方式已无法适应当前移动化的信息传播媒介，应寻求创新协作模式，吸引更多元化的社会力量共同参与国家公园科教工作。国家公园管理机构负责对此类公共服务团体进行认证和监督，帮助其深入本地社区开展科普活动，按人群、分阶段地精准推广，引导社区居民提高资源保护意识，摆脱以往短视的利益诉求。

## 5.1.4　朱子理学价值保护策略

（1）整合朱子文化调查成果，促进科学研究

与大专院校、科研院所合作，建立合作科研机制，共同研讨朱熹文化、朱熹与武夷山的关系等重点课题。将朱子文化调查与科学研究相结合，推动科研成果的形成和出版。

与其他涉及朱子文化的单位、机构合作，促进朱子文化的整体性研究，统筹整合相关科研成果。

（2）为游客提供朱子文化解说，提升朱子理学专项游线

结合武夷宫和九曲溪等场所，为大众观光游客提供朱子文化相关的科普介绍，包括朱熹生平和历史地位、朱熹思想内容、朱熹思想对中国和世界的影响、朱熹与武夷山的关系，以及武夷山的朱子理学遗迹等。

设置并完善朱子理学专项游线，串联主要的朱子遗迹，如书院、祠堂、摩崖石刻等，为访客提供有针对性的、专业的朱子文化解说。

（3）开展朱子理学相关活动，促进文化遗产活化利用

在国家公园内外开展朱子理学相关活动，活化朱熹文化遗产。如举办朱熹文化讲座、论坛、学术研讨会；举办朱熹主题知识竞赛；举办朱熹诗歌诵读活动；举办朱熹纪念活动等。

拓展文化遗产保护利用思路，强调朱子文化遗产的活化利用，结合互联网、虚拟现实等新技术，结合文化创意产业等，提出新的利用模式，促进文化遗产的展示利用。

## 5.1.5　茶文化价值保护策略

（1）针对古茶园、古茶厂、古茶道等历史资源开展全面普查和研究

组织专家学者对自然保护区、九曲溪生态保护区内的古茶园、古茶厂和古茶道遗址，以及风景名胜区内的古茶园和古茶厂遗址等开展全面普查和科学研究，包括建立"茶文化资源"的地理信息数据库，记录茶文化相关历史遗址遗迹、茶文化景观的地理分布、面积范围、保护管理

现状等；对茶文化资源周边的自然、人文、生态环境等进行分析调查，明确影响茶文化资源的干扰因素和茶园对周围环境的影响；对茶文化景观的发展历史和演变机制展开研究；开展定期监测研究。

（2）划定茶文化景观保护区，增强文化展示和解说教育

将风景名胜区内的"石座作"古茶园和自然保护区、九曲溪生态保护区内的"寄植作"茶园、古茶道划定为茶文化景观保护区，保护茶文化景观保护区内的茶园形态和空间布局特点，培养传统的种茶、制茶技艺的传承人。开辟红茶、武夷岩茶的文化专项游，包括茶文化大众游线路和茶文化研学、茶文化养生等深度体验游。就地开展相关茶文化的展览和节庆活动等，发扬和传承武夷山茶文化的传统技艺。

（3）茶园整治和分区管控

茶园整治：组织专家学者分阶段对九曲溪生态保护区、自然保护区和风景名胜区的茶园开展环境影响评估。对于严重影响水土保持和生态保护的茶园应予以退茶还林，包括位于25°以上的陡坡、地质灾害点、基本农田、生态公益林地、集中式饮用水地表水源保护区以及主要河流、主干渠、铁路、公路的两侧山上的茶园。

分区管控：严格保护区和生态保育区内禁止扩建或新增茶园；游憩展示区、传统利用区内严格控制茶园面积，茶园的扩建和新建需经由国家公园管理局审批。

（4）构建"武夷山国家公园产品"标准，提升茶园生态化管理

构建"武夷山国家公园产品"标准体系。在国家公园及其周边的茶园建设和管理需达到以下所有标准，经过考察符合标准可以向茶园授予"武夷山国家公园产品"称号。

① 茶园的建设和管理没有对国家公园构成威胁，茶树种植没有使用任何有毒害物质，有利于传承当地茶文化和传统知识。具体产品标准如表 5-1 所示。

② 设定转换期过渡标准：为鼓励社区逐步转换为有机生产的模式，

**国家公园茶园的产品标准**　　　　　　　　　　　　　　　　　　　　　　　　　表 5-1

| 项　目 | 标　准 | 具体指标 | 备　注 |
|---|---|---|---|
| 规章执行 | 不违反国家公园分区管理规定 | 只在国家公园允许的分区中建设和扩建茶园；参与完成茶园环境影响评估和退茶还林的整治工作 | 国家公园茶园环境影响评估参与记录；社区退茶还林定期报告 |
| 安全性 | 茶园建设和管理所有环节不使用任何农药、化肥等 | 没有造成污染；建设和管理记录；茶叶农残检测报告 | "参与式保障体系"的机制来监督和支持有机生产方式 |
| 文化传统 | 当地茶文化和制茶技艺得到保护 | 茶园的建设有利于茶文化景观价值的传承；传承与发展传统的制茶技艺 | 对茶文化和制茶技艺的调查 |

可设置转换期过渡标准，为社区提供一定时间段的过渡，而不增加其经济损失。当社区有意愿逐步改善种植方式时，可进行登记注册，并为其提供有针对性的技术解决方案，参照上述"国家公园茶园的产品标准"，为实现产品达标设定一定的过渡期限，逐步控制农药化肥等有毒害物质的使用，加速其向有机生产的茶园管理模式转变。

## 5.2　游憩机会与访客体验

本节探讨了访客体验机会管理和访客线路管理，并初步给出了所有体验线路的可能容量。然而，由于研究定位和所需数据限制，并未给出整个国家公园范围内的访客容量。访客容量对于国家公园管理来说非常重要，具体的访客容量计算有待武夷山国家公园试点区根据"可接受改变的极限"等理论和技术方法，并基于大量的实际监测数据来最终确定，并应进行适应性管理。

在游憩机会与访客体验规划中，有如下特点：（1）通过文献研究和现场调查，充分梳理游憩机会的现状和问题。（2）访客体验和访客管理规划均基于国家公园的价值。（3）细化访客体验机会，提供访客体验的各类型难度谱系、承载力谱系和参与时间谱系。（4）访客管理规划与国家公园分区规划形成有机整体。

### 5.2.1　游憩机会现状分析

武夷山现状旅游接待以武夷山风景名胜区主景区为主，包括景点、竹筏、观光车等游赏接待方式，其他景区点包括龙川大峡谷、国家森林公园、龙凤谷、青龙大瀑布、玉龙谷、武夷源和自然保护区等。在自然旅游、文化旅游、游憩机会与国家公园价值的关系、旅游影响、管理机制等方面还存在提升空间。游憩机会现状如图 5-1 所示。

武夷山风景名胜区的游览系统按照风景名胜区—景区—景点 3 个层次进行组织，由 6 个景区和 97 个主要景点共同构成。为了解决景区主次入口不分明的问题，《福建省武夷山国家级风景名胜区总体规划》提出在武夷山风景区采用封闭式的游览方式。风景区内部交通通过开辟风景区环山公路，将风景区与外部分隔开来，采用封闭式管理。风景区内部组织环保汽车运输队，统一运送游客，外来车辆禁止入内。景区内部交通由风景区管委会统一组织，外来车辆除特批的外，一律不准进入景区。图 5-2 梳理了现状游赏结构。

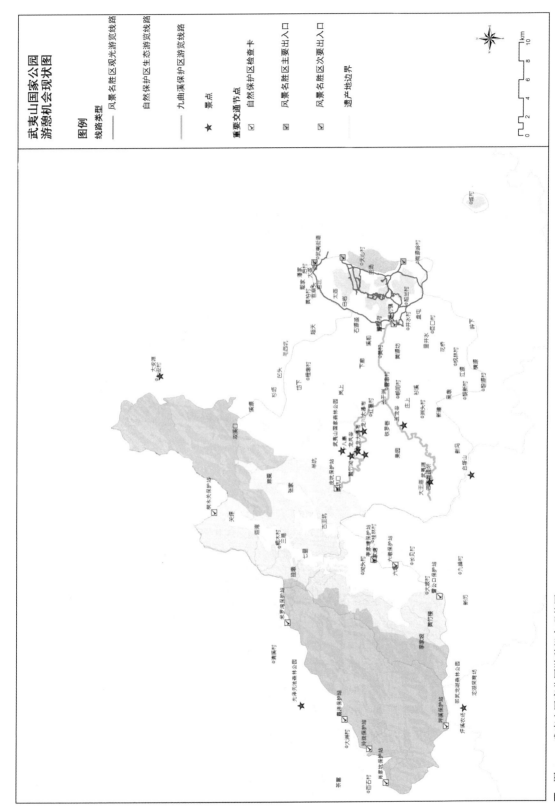

■ 图 5-1 武夷山国家公园游憩机会现状图

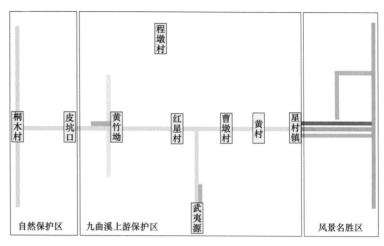

■ 图5-2 武夷山国家公园风景游赏结构现状

分析武夷山国家公园试点区游憩机会现状，发现如下问题：

（1）在自然旅游方面，现状以自然观光为主，同质性强，游憩机会不够丰富，缺少体验性和参与性的游览项目。例如九曲溪保护区以森林体验为主，几个小景点的资源和体验类型较为相似（资源主要为森林、峡谷、瀑布，体验类型主要为徒步和漂流）。

（2）在文化旅游方面，现状文化价值解说很不充分，多数访客游览武夷山之后并不了解武夷山的文化内涵。

（3）在游憩机会与国家公园价值的关系方面，风景名胜区观光旅游主要体现为朱子理学价值、地质地貌价值和美学价值；自然保护区生态旅游主要体现为生态系统价值和生物多样性价值；整体上看，与茶文化景观价值和社区价值相关的游憩体验机会较少。

（4）在旅游影响方面，目前对于旅游影响的科学研究较少，对于游客容量的确定不够科学，相关监测不足。

（5）在管理机制方面，整体上各区域协同性整体性差；九曲溪上游保护区旅游活动没有得到规范化管理。

## 5.2.2　访客体验规划原则

武夷山国家公园游憩机会规划原则包括价值原则、统筹原则和谱系原则。

第一，价值原则。基于国家公园价值进行访客体验规划，加强游憩项目的体验性，强调观光与体验的结合。

第二，统筹原则。将分散的景区景点统一规划，协调管理，形成有机整体；整合同质性景区，系统梳理游线。

第三，谱系原则。将游憩机会谱（Recreation Opportunity Spectrum，ROS）应用于访客体验规划，使得每一种环境类型能够提供不同的游憩机会，形成游憩体验谱系。

## 5.2.3 访客体验机会管理

综合考虑国家公园价值载体的空间分布、国家公园已有旅游活动分布、社区活动分布、国家公园分区规划及分区管理政策、不同访客类型的多样需求，将体验线路类型分为机动车观光道、步行游览道和水上游览道，每种体验线路又细分为3种类型。

提供游憩机会是国家公园的目标之一。游憩机会谱（ROS）框架的基本意图是确定不同游憩环境类型，每一种环境类型能够提供不同的游憩机会。游憩机会谱最初是由美国国家林业局提出，提出了从城市到原始区域的6个游憩机会序列，分别是原始、半原始无机动车辆、原始有机动车辆、通路的自然区域、乡村及城市。游憩机会谱方法的基本逻辑是人们为了达到满意的游憩体验，在喜爱的环境（物质环境、社会环境、管理环境）中参加喜爱的游憩活动。因此，游憩机会谱3个主要的组成部分是活动、环境和体验。游憩机会谱每一级别根据游憩环境特点、管理力度、使用者团队的相互作用、人类改变自然环境的迹象、机会区域的规模以及偏远程度来确定[1]。

综合考虑以下几点内容，确定武夷山国家公园游憩机会类型。

（1）国家公园价值载体的空间分布：详见价值分析章节；

（2）国家公园已有旅游活动分布、社区活动分布：详见游憩机会现状章节、社区现状章节；

（3）国家公园分区规划及分区管理政策：详见分区规划研究章节；

（4）不同访客类型的多样需求。

另外，游憩机会和访客体验规划应满足不同类型访客的多样需求。如跟团游访客和自助游访客，大众观光型访客和专项游访客，短期游客（1～3天）、中期访客（3～7天）、长期访客（7天以上），儿童、青少年、中年和老年访客等。

体验线路类型分为机动车观光道、步行游览道、水上游览道。每

1 蔡君. 略论游憩机会谱（Recreation Opportunity Spectrum, ROS）框架体系[J]. 中国园林. 2006. 07:73-77.

种体验线路又细分为Ⅰ、Ⅱ、Ⅲ共3种类型，3大类访客体验机会主要根据体验对象特征（可感性、可达性、氛围要求）和体验活动特征（时间投入、体力投入、舒适度）进行区分：从Ⅰ类到Ⅲ类，感知体验对象的难度增加、体验空间的可达性难度增加、可容纳的访客规模减少、访客参与时间和体力投入增大，具体游憩机会管理类型划分详见表5-2。

武夷山国家公园游憩机会管理类型 表 5-2

|  | Ⅰ类 | Ⅱ类 | Ⅲ类 |
|---|---|---|---|
| 机动车观光道 | 观景、休闲 | 观景、休闲 | 观景、休闲 |
| 步行游览道 | 徒步、休闲、品茶、理学欣赏、摄影、绘画 | 徒步、登山、科考、摄影、宿营、观星 | 徒步、登山、探险、荒野体验、怀古、宿营、观星 |
| 水上游览道 | 漂流、观景 | 漂流、观景 | 漂流、观景 |

### 5.2.4 访客体验线路管理

规划体验线路共9种类别，体验线路共17条，分别给出了该体验线路可以提供的游憩机会和相应的体验价值。

将游憩机会落实在空间上并组合成为体验线路，体验线路共9种类别（机动车Ⅰ类、机动车Ⅱ类、机动车Ⅲ类；步行游Ⅰ类、步行游Ⅱ类、步行游Ⅲ类；水上游Ⅰ类、水上游Ⅱ类、水上游Ⅲ类）。

体验线路共17条，详见表5-3，该表分别给出了该体验线路可以提供的游憩机会和相应的体验价值。需要说明的是，除这17条体验线路之外，还可以根据国家公园分区管理政策规划新的体验线路。

武夷山国家公园游憩机会规划如图5-3所示。

武夷山国家公园访客体验线路结构如图5-4所示。

**武夷山国家公园访客体验线路管理**　　　　　　　　　　　　　　　　　　　　表5-3

| 线路编号 | 名　称 | 类　别 | 游憩机会 | 体验价值 | 规模（人/日） | 难度 | 参与时间 |
|---|---|---|---|---|---|---|---|
| 1 | 风景观光道 | 机动车Ⅰ类 | 观景、休闲 | 地质地貌价值、朱子理学价值、茶文化价值、审美价值 | 3000 | 小 | 半天至一天 |
| 2 | 星村—曹墩观光道 | 机动车Ⅱ类 | 观景、休闲 | 茶文化价值、审美价值 | 500 | 小 | 2小时 |
| 3 | 曹墩—皮坑观光道 | 机动车Ⅱ类 | 观景、休闲 | 茶文化价值、审美价值 | 500 | 小 | 2小时 |
| 4 | 曹墩—武夷源观光道 | 机动车Ⅲ类 | 观景、休闲 | 茶文化价值、审美价值 | 500 | 小 | 2小时 |
| 5 | 红星—程墩观光道 | 机动车Ⅲ类 | 观景、休闲 | 茶文化价值、审美价值 | 500 | 小 | 2小时 |
| 6 | 风景漫游道 | 步行游Ⅰ类 | 登山、观景、休闲、品茶、理学欣赏、绘画（包括访仙问道、寻古探幽、绿野仙踪、岩骨花香、岸上九曲漫游道等） | 地质地貌价值、朱子理学价值、茶文化价值、审美价值 | 3000 | 小 | 一天至三天 |
| 7 | 桐木—皮坑生态科考路 | 步行游Ⅱ类 | 徒步、科考 | 生态系统价值、生物多样性价值、审美价值 | 100 | 中 | 一天 |
| 8 | 桐木—李家塘生态科考路 | 步行游Ⅱ类 | 徒步、科考 | 生态系统价值、生物多样性价值、审美价值 | 100 | 中 | 一天 |
| 9 | 桐木—桐木关生态科考路 | 步行游Ⅱ类 | 徒步、科考 | 生态系统价值、生物多样性价值、审美价值 | 100 | 中 | 一天 |
| 10 | 青龙大瀑布漫游道 | 步行游Ⅱ类 | 徒步 | 生态系统价值、生物多样性价值、审美价值 | 400 | 中 | 半天 |
| 11 | 十八寨漫游道 | 步行游Ⅱ类 | 徒步 | 生态系统价值、生物多样性价值、审美价值 | 400 | 中 | 半天 |
| 12 | 先锋岭探险路 | 步行游Ⅲ类 | 登山、探险、荒野体验 | 生态系统价值、生物多样性价值、审美价值 | 30 | 大 | 半天 |
| 13 | 桐木—江墩古道 | 步行游Ⅲ类 | 徒步、怀古、探险 | 生态系统价值、生物多样性价值、审美价值 | 30 | 大 | 半天 |
| 14 | 九曲溪竹筏漂流 | 水上游Ⅰ类 | 漂流、观景 | 地质地貌价值、朱子理学价值、审美价值 | 3000 | 小 | 2小时 |
| 15 | 云河漂流 | 水上游Ⅰ类 | 漂流、观景 | 生态系统价值、审美价值 | 1000 | 小 | 2小时 |
| 16 | 华东第一漂 | 水上游Ⅱ类 | 漂流、观景 | 生态系统价值、审美价值 | 500 | 中 | 2小时 |
| 17 | 武夷源漂流 | 水上游Ⅲ类 | 漂流、观景 | 生态系统价值、审美价值 | 200 | 中 | 2小时 |

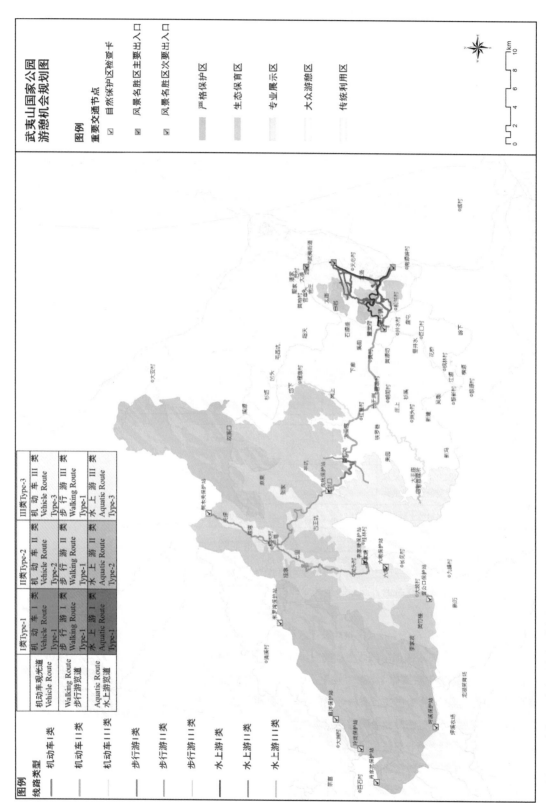

图例
线路类型

| | I类Type-1 | II类Type-2 | III类Type-3 |
|---|---|---|---|
| 机动车观光道<br>Vehicle Route | 机 动 车 I 类<br>Vehicle Route<br>Type-1 | 机 动 车 II 类<br>Vehicle Route<br>Type-2 | 机 动 车 III 类<br>Vehicle Route<br>Type-3 |
| 步行游览道<br>Walking Route | 步 行 游 I 类<br>Walking Route<br>Type-1 | 步 行 游 II 类<br>Walking Route<br>Type-1 | 步 行 游 III 类<br>Walking Route<br>Type-1 |
| 水上游览道<br>Aquatic Route | 水 上 游 I 类<br>Aquatic Route<br>Type-1 | 水 上 游 II 类<br>Aquatic Route<br>Type-2 | 水 上 游 III 类<br>Aquatic Route<br>Type-3 |

—— 机动车I类
—— 机动车II类
—— 机动车III类
—— 步行游I类
—— 步行游II类
—— 步行游III类
—— 水上游I类
—— 水上游II类
—— 水上游III类

武夷山国家公园
游憩机会规划图

图例

重要交通节点
⊡ 自然保护区实验查卡
⊡ 风景名胜区主要出入口
⊡ 风景名胜区次要出入口

严格保护区
生态保育区
专业展示区
大众游憩区
传统利用区

N

0  2  4  6  8  10
km

■ 图 5-3　武夷山国家公园游憩机会规划图

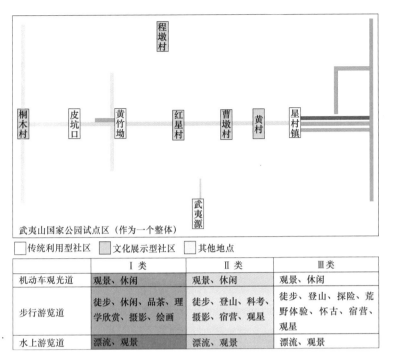

| | Ⅰ类 | | Ⅱ类 | | Ⅲ类 |
|---|---|---|---|---|---|
| 机动车观光道 | 观景、休闲 | | 观景、休闲 | | 观景、休闲 |
| 步行游览道 | 徒步、休闲、品茶、理学欣赏、摄影、绘画 | | 徒步、登山、科考、摄影、宿营、观星 | | 徒步、登山、探险、荒野体验、怀古、宿营、观星 |
| 水上游览道 | 漂流、观景 | | 漂流、观景 | | 漂流、观景 |

■ 图5-4　武夷山国家公园访客体验线路结构图

## 5.3　解说教育

### 5.3.1　解说教育目标

　　解说教育的总目标包括以下4个方面：（1）帮助访客从整体上了解武夷山国家公园。访客离开国家公园时，得到了资源与价值的介绍、访客体验线路与访客体验项目的引导、安全与提示方面的充足信息。充分利用国家公园丰富的自然和文化资源，为访客提供教育的机会。（2）为访客提供有意义的、值得回忆的经历。（3）帮助访客理解国家公园内的生态环境状况和资源保护措施，并扩展到对于相关重要议题（例如气候变化、生物多样性、文化多样性）的关注，鼓励对大自然的理解、尊重和爱。（4）帮助访客深入理解国家公园的文化价值和历史信息。

　　解说教育的分时目标包括以下4点：（1）在访客到达前，为访客提供最新更新的信息，回答访客对于国家公园的问题，使访客了解到武夷山国家公园的价值。（2）在访客到达时，为访客提供关于安全、设施、访客体验线路和访客体验项目的信息，使访客了解到各访客体验线路和在地图上的位置，理解体验时的注意事项。（3）在访客体验时，为访客提供引导和解说信息以提升访客体验，即时为访客提供相关问题的解答，满足访客的预期，实地理解国家公园的价值。（4）在体验结束时，为访客提供购买相应解说出版物、纪念品的机会，为访客提供与工作人员和其他访客分享经历的机会，使访客了解参与志愿服务的信息，意识到他们的环境友好行为将为国家公园的资源保护作出贡献；使访客体验后有新的认识、收获和感受。

### 5.3.2 解说教育原则

武夷山国家公园解说教育系统的现状问题包括：保护地解说系统有待统筹协调；现有解说教育规划和管理质量不高；科学研究有待提升。基于此，提出教育的原则，分别针对解说教育的内容、方式和组织。

解说教育的规划和管理应遵循以下原则：（1）解说教育规划基于国家公园的价值，在国家公园整体层面整合现状保护地的解说教育系统。突出价值、保护措施和访客行为管理的解说。（2）在保证科学性的基础上，适当设置故事性、趣味性的相关内容。（3）展示馆提供全面的解说，访客体验线路的节点提供有针对性的解说。（4）加强新技术的运用。（5）加强科研与监测，使得科研与解说教育形成良性互动。（6）加强多方合作参与。（7）加强解说人员培训。（8）设置启动机制，优先实施可操作性强、有充分资料的知识点。其中（1）（2）与解说教育内容相关，（3）（4）与解说教育方式相关，（5）（6）（7）（8）与解说教育组织相关。

### 5.3.3 解说教育主题

基于价值，确定武夷山国家公园的44个解说教育主题。武夷山国家公园的解说包括以下6方面价值：地质地貌价值、生态系统价值、生物多样性价值、朱子理学价值、茶文化价值、审美价值。对应着44个解说主题，详见表5-4，该表还显示了"价值-解说主题-解说内容"的对应关系。

**武夷山国家公园解说主题规划** 表 5-4

| 价 值 | 解说主题 | 解说内容 |
| --- | --- | --- |
| 地质地貌价值 | 地质地貌价值 | （1）武夷山地质地貌价值总述<br>（2）华东屋脊黄岗山<br>（3）武夷山动植物化石 |
| | 丹霞地貌 | （4）丹霞地貌的概念；<br>（5）中国丹霞地貌分布以及武夷山在其中的位置<br>（6）武夷山地区丹霞地貌分布<br>（7）武夷山罕见、典型的丹霞地貌景观（如"晒布岩"和"泼墨岩"） |
| | 现状问题与保护对策 | （8）武夷山地质地貌价值保护的问题和对策 |
| 生态系统价值 | 生态系统价值 | （9）武夷山生态系统价值总述 |
| | 生态系统类型 | （10）中亚热带森林生态系统 |
| | 生态过程 | （11）九曲溪流域生态过程 |
| | 现状问题与保护对策 | （12）武夷山生态系统价值保护的问题和对策 |
| 生物多样性价值 | 生物多样性价值 | （13）武夷山生物多样性价值总述 |
| | 动物 | （14）武夷山动物种类<br>（15）黄腹角雉、金斑喙凤蝶等一级保护动物<br>（16）短尾猴等二级保护动物<br>（17）武夷山昆虫种类、鸟类 |
| | 植物 | （18）武夷山植物种类，保护植物种类<br>（19）武夷山植被类型 |
| | 现状问题与保护对策 | （20）武夷山生物多样性价值保护的问题和对策 |
| 朱子理学价值 | 朱子理学价值 | （21）武夷山朱子理学价值 |
| | 朱熹思想 | （22）朱熹生平和历史地位<br>（23）朱熹思想内容<br>（24）朱熹思想对中国和世界的影响 |
| | 朱熹与武夷山 | （25）朱熹与武夷山的关系 |
| | | （26）武夷山的朱子理学遗迹（包括书院、祠堂、摩崖题刻、陵墓等） |
| | 现状问题与保护对策 | （27）武夷山朱子理学价值保护的问题和对策 |
| 茶文化价值 | 茶文化价值 | （28）武夷山茶文化价值总述 |
| | 茶历史 | （29）武夷山是中国红茶制法的发源地，是中国乌龙茶制法的发源地<br>（30）武夷山正山小种红茶<br>（31）武夷山大红袍乌龙茶<br>（32）古茶园、御茶园遗址、大红袍名丛、古茶厂遗址或茶厂等茶历史见证<br>（33）武夷茶对外贸易发展史<br>（34）中蒙俄万里茶道<br>（35）古代和近现代茶叶运输道路 |
| | 茶制作和体验 | （36）武夷山茶叶制作方法<br>（37）茶文化，如品茶方法 |

| 价　　值 | 解说主题 | 解说内容 |
|---|---|---|
| 茶文化价值 | 茶文化景观 | （38）茶文化景观的分布和价值<br>（39）茶叶种植与生态环境的关系<br>（40）茶园建设方式变化，茶园管理方式变化 |
| 审美价值 | 审美价值 | （41）武夷山审美价值总述 |
| | 武夷山的自然美 | （42）武夷山的自然美欣赏 |
| | 武夷山的文化美 | （43）武夷山的文化美欣赏 |
| | 现状问题与保护对策 | （44）武夷山审美价值保护的问题和对策 |

## 5.3.4　解说教育方式

应采用多种方式进行解说教育，包括人员解说、自导式解说、展示陈列等。应利用新技术提供多样的解说教育服务，加强交互式、便携式解说教育方式的应用，应利用新媒体丰富解说教育方式。

### 5.3.4.1　人员解说

人员解说是解说教育的主要方式，解说人员的来源和类型应多样化，并应建立规范化的人员解说制度。

解说人员的来源包括专业解说员、社区居民和志愿者。解说人员的类型包括展示陈列驻点解说员、巴士带队解说员（针对观光游访客）、专项体验线路领队（针对专项游访客）、私家车讲解员和环境教育课程领队。

应建立规范化的人员解说制度。国家公园管委会专门负责解说教育的部门（或人员），应负责管理组织，加强与各方面的协作。建立规范化管理制度，统一宣传资料，统一解说主题与内容，有偿解说服务应统一定价。加强对解说员队伍的培训，提升整体素质。建立年度绩效考评制度，表彰先进解说员。同时，应与非政府组织（Non-Governmental Organization，以下简称 NGO）加强合作，建立解说志愿者制度。人员解说的类型、主题、地点和形式等规划内容详见表 5-5。

**人员解说规划表**　　　　　　　　　　　　　　　　　　　　　　　　　　　　　　　　　　　　表 5-5

| 解说人员类型 | 解说主题 | 解说地点 | 解说形式 |
|---|---|---|---|
| 展示陈列驻点解说员 | 全部主题，概述性质 | 访客中心 | （1）基本讲解服务；<br>（2）安排一定数量的咨询员为访客提供基本服务信息咨询服务；<br>（3）与展示馆内的展示陈列相结合的解说教育 |
| 巴士带队解说员 | 全部主题，概述性质 | 体验巴士 | （1）在管委会统一管理的体验巴士上安排讲解员，提供基本讲解服务；<br>（2）重点强调对于生态环境的保护；<br>（3）监督并制止访客不良行为 |
| 专项体验线路领队 | 特定主题，深度解说 | 专项体验线路沿途 | （1）主要为中学、小学的团体提供服务；<br>（2）需要预约 |
| 私家车讲解员 | 全部主题，有一定深度 | 私家车 | （1）付费的专项解说服务；<br>（2）负责带领访客深入体验自然与文化内涵；<br>（3）监督并制止访客不良行为；<br>（4）需要预约 |
| 环境教育课程领队 | 特定主题，深度解说 | 特定地点 | （1）趣味课程包括活动、实验、游戏等；<br>（2）主要为中学、小学的团体提供服务；<br>（3）需要预约 |

### 5.3.4.2　自导式解说

　　自导式解说包括网站、微信公众号、短片、宣传折页、解说手册、解说牌系统、出版物、手机 APP 导航系统和多功能数字导游仪等。自导式解说内容见表 5-6。

**自导式解说内容**　　　　　　　　　　　　　　　　　　　　　　　　　　　　　　　　　　　　表 5-6

| 项　目 | 内　容 |
|---|---|
| 网站 | 网站是访客了解公园的最重要的媒体。基本信息包括：自然与文化资源、游憩机会（访客体验线路、访客体验机会、游赏时间）；交通与天气实时状况；影音平台；3D 导览平台；常见问题与解答；照片与视频；新闻等。应提供多种语言的服务，应提供针对儿童的版本 |
| 微信公众号 | 新闻；武夷山国家公园的试点概况；自然与文化资源；游憩机会 |
| 介绍短片 | 武夷山国家公园的试点概况；自然与文化资源；游憩机会 |
| 宣传单折页 | 访客线路图；基本信息 |
| 解说手册 | 包括以下主题：地质地貌价值、生态系统价值、生物多样性价值、朱子理学价值、茶文化价值、审美价值 |
| 解说牌系统 | 解说牌、交通导向牌、重要观景点 |
| 手机 APP 导航系统和多功能数字导游仪 | 手机 APP 导航系统和多功能数字导游仪应基于空间数据库（全球定位系统、地理信息系统、遥感），为自驾游访客提供向导服务（到相应位置自动播放讲解；防止自驾车偏离规定道路而影响生态环境；告知访客服务点的信息），对自驾车、体验巴士进行监测。同时可收集访客照片、记录的物种信息等 |

### 5.3.4.3　展示陈列

展示陈列是解说教育的主要方式，近期应完成素材积累等工作，远期加强展示陈列方式的丰富性并提高质量。

近期完成内容包括：① 解说教育素材的收集整理。② 丰富访客中心的展览内容。访客中心具有展示陈列的功能。展示陈列应基本覆盖所有的价值、主题和知识点，重点突出需要用文字、图片、图纸、视频、标本、模型、互动装置来解说的知识点。通过展示陈列，访客应理解国家公园的价值。中远期完成内容包括：完善补充展示陈列的内容并加强互动装置设计，加强新技术的应用。

## 5.4　游览设施规划

### 5.4.1　游览设施分级配置

依据分区管理目标对游览设施进行分级配置，表5-7汇总了各分区游览设施的分级配置情况。

**游览设施分级配置**　　　　　　　　　　　　　　　　　　　　　　　　　　　　表5-7

| 分区 | 解说咨询 | | | 游览交通 | | | | 住宿 | | | | 餐饮 | | | 购物 | | | | 娱乐 | | | 环卫 | | 医疗 | | | 访客管理 | | | |
|---|---|---|---|---|---|---|---|---|---|---|---|---|---|---|---|---|---|---|---|---|---|---|---|---|---|---|---|---|---|---|
| | 博物馆、展览馆 | 解说咨询处 | 解说牌、展示牌 | 观光车 | 自驾车 | 索道 | 竹筏 | 大型住宿设施 | 小型住宿设施 | 民宿 | 露营地 | 餐厅 | 餐食店 | 饮食点 | 商店 | 集市 | 商亭 | 自动贩卖机 | 演艺 | 体育 | 民俗 | 环保公厕 | 废弃物箱 | 医院 | 诊所 | 救护站 | 访客中心 | 警务站 | 投诉站 | 稽票点 |
| 严格保护区 | × | × | × | × | × | × | × | × | × | × | × | × | × | × | × | × | × | × | × | × | × | × | × | × | × | × | × | × | × | × |
| 生态保育区 | × | × | × | × | × | × | × | × | × | × | × | × | × | × | × | × | × | × | × | × | × | × | × | × | × | × | × | ▲ | × | × |
| 专业展示区 | ▲ | ▲ | ▲ | △ | × | △ | △ | × | × | △ | △ | × | × | △ | × | × | × | △ | × | △ | ▲ | ▲ | △ | × | × | ▲ | ▲ | ▲ | ▲ | ▲ |
| 大众游憩区 | ▲ | ▲ | ▲ | △ | × | △ | △ | ▲ | ▲ | ▲ | △ | ▲ | ▲ | ▲ | ▲ | ▲ | ▲ | ▲ | × | △ | ▲ | ▲ | ▲ | △ | ▲ | ▲ | ▲ | ▲ | ▲ | ▲ |
| 传统利用区 | ▲ | ▲ | ▲ | ▲ | ▲ | × | △ | △ | ▲ | ▲ | ▲ | ▲ | ▲ | ▲ | ▲ | ▲ | ▲ | △ | ▲ | ▲ | ▲ | ▲ | ▲ | △ | ▲ | ▲ | ▲ | ▲ | ▲ | ▲ |

注：▲必须设置；△可以设置；×不必设置。

（1）严格保护区

武夷山国家公园严格保护区内禁止设置任何游览设施，已建设的项目应立即拆除。

（2）生态保育区

武夷山国家公园生态保育区内应设置警务站，分布在主要进出道路的交汇处，阻止来自游憩展示区的访客误入生态保育区。

警务站不宜超过两层，建筑造型和体量应与周边自然环境协调，内部设有警务值班室、工作人员休息室和必要的卫生设施。警务站须配备远程监控和无线通信设备。

（3）专业展示区

①解说咨询

专业展示区内应设置博物馆、展览馆和解说咨询处，充分利用分区内现有解说教育资源（可对设施进行升级改造），避免重复建设；在关键资源节点处增设解说展示牌并为访客提供停留观赏空间。

②游览交通

分区内仅允许由国家公园统一运营的观光车通行，观光车起始点位于大众游憩区内，终点位于桐木村；定时发车，沿途设站，访客可自行选择乘车距离。当观光车穿越生态保育区时，乘客禁止下车。

观光车应符合国 V 排放标准并及时清洗维护，远期可考虑升级为新能源车辆，降低环境污染。

③住宿

访客在专业展示区内留宿须向国家公园管理机构预约报备。

社区居民可直接利用宅基地开设民宿接待预约访客，也可将宅基地使用权委托国家公园管理机构代为管理，后者通过特许经营的方式引入外部资本对民宅进行合理改造，居民按照委托合同获得经营收益分红。公园管理机构对民宿经营服务质量进行监督，对于违反国家公园保护管理规定的单位，可取消或解除经营资格。区内民宿建筑应与村落传统风貌协调，共同营造武夷山茶园文化氛围。

由国家公园管理机构统一规划露营地范围，禁止访客在山林中私设营地。露营地内应配备必要的灭火器材。

④餐饮

分区内可以设置小规模餐饮店和饮食点，以当地居民经营为主，但禁止安排城市化的餐饮服务，禁止售卖受保护的野生动物。

⑤购物

分区内可以设置必要的商亭，以当地居民经营为主。在远离社区的游线上可为访客设置自动贩卖机，并配有废弃物回收箱。

⑥ 娱乐

分区内不允许为访客单独安排娱乐休闲项目。

⑦ 环卫

应结合游览线路设置小型旅游公厕，可在社区内设置环保型旅游公厕和废弃物回收箱，游览途中访客应自行储存废弃物。

⑧ 医疗

在社区内可设置救护站，对访客进行应急治疗。

⑨ 访客管理

一级访客中心 1 处设置在三港，二级访客中心 2 处设置在坳头和皮坑。建筑层数不宜超过两层，根据节约用地、高效服务原则，解说咨询处、救护站、警务站、投诉站可以设置在访客中心建筑内。

（4）大众游憩区

① 解说咨询

大众游憩区内应设置博物馆、展览馆、解说咨询处、解说牌和展示牌，对分区内自然、文化资源进行系统性解说，向访客宣传国家公园保护发展理念和环境保护知识。

② 游览交通

分区内应设置由国家公园统一运营的观光车，游览线路与进入专业保护区的线路进行区分，观光车应符合国 V 排放标准并及时清洗维护，远期可考虑升级为新能源车辆，降低环境污染。

允许访客自行驾车进入大众游憩区，须进行预约登记，由公园管理机构统一颁发限时通行标识，自驾车辆应满足国 Ⅳ 排放标准。公园管理机构控制每日自驾车进入总量，并在游览设施集中区域设置小型停车场。

分区内可以设置竹筏漂流活动，禁止建设索道。

③ 住宿

分区建设用地范围内可以设置小型住宿设施，建筑层数不宜超过 3 层，建筑风貌应与周边自然环境协调，宜体现地域风情，内部装潢应整洁朴素，须加装环保处理装置。

由国家公园管理机构统一规划露营地范围，禁止访客在山林中私设营地。露营地内应配备必要的灭火器材。

④ 餐饮

分区内可以设置餐厅，但提供服务不应铺张，须加装环保处理装置；社区居民自发经营的农家乐项目应在公园管理机构登记备案。禁止售卖受保护的野生动物。

⑤ 购物

分区内应设置必要的商亭和自动贩卖机，尽量弱化商业氛围。社区内可以设置旅游集市，提高居民收入水平。

⑥娱乐

分区内允许为访客安排与地域民俗有关的娱乐休闲项目。

⑦环卫

应结合游览线路设置环保型旅游公厕和废弃物回收箱。

⑧医疗

分区内应设置救护站，可结合社区需求设置诊所并配备医疗急救器械。

⑨访客管理

一级访客中心 2 处设置在赤石和黄溪口，二级访客中心 2 处设置在程墩和上埔，三级访客中心 5 处设置在武夷山庄、溪源、和尚庙、玉龙谷和武夷源。访客中心建筑层数不宜超过 2 层，解说咨询处、救护站、警务站、投诉站可以设置在访客中心建筑内。

（5）传统利用区

①解说咨询

传统利用区内应设置博物馆、展览馆、解说咨询处、解说牌和展示牌，对分区内自然、文化资源进行系统性解说，向访客宣传国家公园保护发展理念和环境保护知识。

②游览交通

分区内应设置由国家公园统一运营的观光车，游览线路可与大众游憩区连接，车辆满足国Ⅴ排放标准；访客可以自行驾车进入传统利用区，须在国家公园入口进行登记，如无单独预约不得进入其他分区，车辆应满足国Ⅳ排放标准。可在公园入口服务区集中设置大型生态停车场。国家公园东大门服务区选址应进行专题研究。

分区内可以设置竹筏漂流活动，禁止建设索道。

③住宿

分区内可以设置大型住宿设施，宜布局在建设用地集中的区域，新建项目须进行综合环境影响评估，由公园管理机构进行申报，上级主管部门批准后方可实施。

分区内不允许设置露营地。

④餐饮

分区内应设置餐厅、餐食店、饮食点，须加装环保处理装置；社区居民自发经营的农家乐项目应在公园管理机构登记备案。禁止售卖受保护的野生动物。

⑤购物

应在公园入口服务区集中设置购物设施，尽量弱化商业氛围。

⑥娱乐

分区内可以为访客设置与民俗风情相关的演艺娱乐项目。

⑦ 环卫

应结合游览线路设置环保型旅游公厕和废弃物回收箱。

⑧ 医疗

分区内可以设置具有综合诊疗能力的小型医院，并服务于周边社区。

⑨ 访客管理

一级访客中心1处设置在星村镇中心区域，三级访客中心1处设置在枫林墩，建筑层数不宜超过3层。根据节约用地、高效服务原则，展陈馆、解说咨询处、救护站、警务站、投诉站可以设置在访客中心建筑内。

## 5.4.2 访客中心设置

访客中心的空间分布依据现有自然保护地风景游赏资源和国家公园分区进行设置，覆盖园区内的主要到访点和交通转换点，使访客能够便捷地获得游览信息和接驳服务（图5-5）。同时，访客中心建筑内集成多种服务功能，以此降低游览设施的整体建设量，并且有助于强化国家公园品牌形象。访客中心功能设置详见表5-8。

**访客中心功能设置**　　　　　　　　　　　　　　　　　　　表5-8

| 分区 | 等级 | 位置 | 功能设置 | | | | | |
|---|---|---|---|---|---|---|---|---|
| | | | 展陈 | 解说咨询 | 停车 | 购物 | 医疗 | 旅游公厕 |
| 专业展示区 | 一级 | 三港 | √ | √ | √ | — | √ | √ |
| | 二级 | 坳头 | — | √ | √ | — | — | √ |
| | | 皮坑 | — | √ | √ | — | — | √ |
| 大众游憩区 | 一级 | 赤石 | √ | √ | √ | — | — | √ |
| | | 黄溪口 | — | √ | √ | √ | √ | √ |
| | 二级 | 程墩 | — | √ | √ | — | — | √ |
| | | 上埔 | — | √ | √ | — | — | √ |
| | 三级 | 武夷山庄 | — | √ | — | — | — | √ |
| | | 溪源 | — | √ | √ | — | — | √ |
| | | 和尚庙 | — | √ | — | — | — | √ |
| | | 玉龙谷 | — | √ | — | — | — | √ |
| | | 武夷源 | — | √ | √ | — | — | √ |
| 传统利用区 | 一级 | 星村 | √ | √ | √ | √ | √ | √ |
| | 三级 | 枫林墩 | — | √ | √ | — | — | √ |

注：√设置；—不设置。

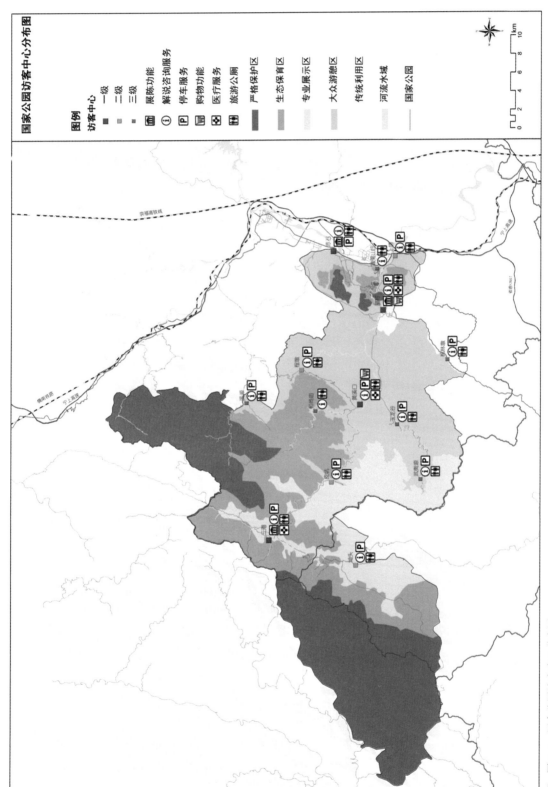

图 5-5 国家公园访客中心分布图

## 5.5　社区管理

社区管理专项规划的规划思路是从价值与影响价值的因素角度出发，对社区进行分类调控。专项规划的内容以机制规划、管理策略设计为主要内容，包括社区分类调控、社区参与机制、产业引导机制和补偿机制等4个方面。规划措施的制定层层递进，包括基本原则、内容形式和机制保障，以及分区调控和具体行政村的案例分析和政策建议。

### 5.5.1　社区价值阐述

（1）茶文化价值

茶文化是武夷山的核心价值之一，武夷山社区是茶文化价值不可分割的一部分。武夷山社区种茶历史悠久，几乎家家种茶和制茶，社区的古茶园、古茶厂、古茶道及传统种茶、制茶工艺等是茶文化价值的重要载体。社区的社会、经济和文化是促进形成茶文化景观的关键因素。社区茶园面积的扩增以及社区种茶与制茶传统工艺的变化对茶文化价值的影响较大。

（2）历史价值

武夷山的社区历史悠久，具有科研价值。根据考古资料，星村在新石器时代就有人类活动的遗迹。商周时期，古闽族人在靠近溪流的台地上建造了简陋的房屋，创造了具有地方特色的古闽族文化。在武夷山九曲溪畔和群山之麓，古闽族人遗留下来的——架壑船棺和虹板桥遗迹，见证了古闽族人独特的丧葬文化[1]。

（3）居住价值

武夷山社区内的建筑、道路交通等满足了社区居民的生活需求，具有居住价值。武夷山世界遗产地内居住人口约有3万余人，居民点主要散布于九曲溪上游生态保护区、自然保护区的实验区、风景名胜区的非核心景区、城村汉城遗址。

### 5.5.2　社区活动对价值的影响分析

不健全的环卫和污染治理设施、影响生态环境的茶园建设管理方式是武夷山社区活动对其价值的主要影响因素。武夷山国家公园范围内的社区为农村社区，农村的生活垃圾及污水处理设施不健全，污水直排入河流、垃圾转运周期长等对局部环境形成了一定的污染。社区的产业结构以茶产业为主，部分茶农受利益驱使而毁林种茶破坏了森林生态系统

1 宾娟. 武夷山: 作为"文化景观"的历史演变[J]. 大众考古, 2014. (10): 74-81.

的完整性、影响生物多样性、造成水土流失。部分茶农使用化肥来实现茶叶增产，尤其是位于九曲溪沿岸的茶园，对流域的水质会形成面源污染。

随着社区的人口增长和茶叶生产空间扩张，社区对自然环境潜在影响将扩大，故社区发展规划应考虑对社区人口的控制以及对生产生活的管控。

## 5.5.3　社区保护对象及分区活动管理政策

武夷山国家公园内的社区保护对象包括茶文化景观、村落街道历史布局和村落风貌，详见表5-9。

武夷山国家公园内的社区目前有种茶、茶叶加工、砍伐毛竹、毛竹加工、水稻种植、林下经济、养殖、集市商贸和农家乐等九种生产活动，除严格保护区内无人居住，其他功能分区都分散布局着农村社区，社区活动管理政策详见表5-10。

**社区保护对象一览表**　　　　　　　　　　　　　　　　　　　　　　　　　　　　　表5-9

| 功能分区 | | 居民点 | 保护对象 | | |
|---|---|---|---|---|---|
| | | | 茶文化景观 | 村落街道历史格局 | 传统村落风貌 |
| 严格保护区 | | — | — | — | — |
| 生态保育区 | | — | 九曲溪上游中山茶园；风景名胜区茶园 | — | — |
| 游憩展示区 | 专业游憩展示区 | 自然保护区实验区：桐木村、坳头村、大坡村 | 自然保护区茶园；九曲溪上游中山茶园 | — | 桐木村、坳头村、大坡村 |
| | 大众生态旅游区 | 九曲溪上游保护地带：程墩村、红星村、曹墩村、黄村、朝阳村、洲头村、黎新村；风景名胜区：黄柏村 | 风景名胜区茶园 | 曹墩村 | 程墩村、红星村、曹墩村、黄村、朝阳村、洲头村、黎新村、黄柏村 |
| 传统利用区 | | 九曲溪上游保护地带的东南片区：星村镇、星村村、井水村、巨口村、枫林村、前兰村 | — | — | 星村村及镇区、黎前村、黎源村、枫林村、巨口村、朝阳村 |

**社区活动管理政策一览表**　　　　　　　　　　　　　　　　　　　　　　　　　　表5-10

| 功能分区 | 生产活动 | | | | | | | | | 生活 |
|---|---|---|---|---|---|---|---|---|---|---|
| | 种茶 | 茶叶加工 | 毛竹采伐 | 毛竹加工 | 水稻种植 | 林下经济 | 养殖 | 集市商贸 | 农家乐 | |
| 严格保护区 | × | × | × | × | × | × | × | × | × | × |
| 生态保育区 | △ | △ | × | × | × | △ | × | × | × | △ |
| 游憩展示区 | △ | △ | △ | × | △ | △ | △ | × | × | △ |
| 传统利用区 | △ | ▲ | △ | △ | ▲ | △ | ▲ | ▲ | ▲ | ▲ |

注：×禁止；△限制条件下允许；▲允许。

### 5.5.4　社区分类调控

根据以下原则进行社区分类调控：

（1）社区具有的价值；

（2）社区所在的国家公园分区；

（3）现有社区活动对价值的影响及其控制方式。

本研究将社区分为文化展示型社区、传统利用型社区和周边社区3类社区。社区分类分布详见图5-6。

#### 5.5.4.1　文化展示型社区

文化展示型社区，是位于国家公园专业展示区和大众游憩区范围内具有较高历史文化价值的社区，以及历史文化价值一般而村落所处环境具有较高生态价值的社区，应为公众提供适当的文化展示或环境教育的游憩机会。

具有茶文化历史价值和文化景观价值的社区保护对象是桐木村、程墩村、红星村、曹墩村和天心村的保护对象，包括桐木村、天心村等范围内的茶文化历史遗迹、古茶园及传统种茶制茶技艺和曹墩村的街道格局，详见表5-11。应开展古茶道、古茶园、箐楼等茶文化历史遗迹的普查和相关研究。在生态保护的前提下保护文物古迹的真实性和完整性，保护乡村历史风貌和茶文化景观的特色，传承传统种茶、制茶的生产方式。应严格控制人口规模、设施建设和茶山复垦，鼓励社区参与历史文化的保护、传承和解说教育。

历史文化价值一般，而村落环境的生态价值较高的乡村社区，包括洲头村、黎新村、黄村、南源岭村、黄柏村、坳头村、大坡村、朝阳村。应开展村落环境影响评估，对干扰生态价值的部分居民点开展整治，严格限定人口迁入和人口增长，限制土地和自然资源利用强度，严格控制宅基地面积、建设位置及村庄发展建设用地。

#### 5.5.4.2　传统利用型社区

传统利用型社区，是位于国家公园传统利用区范围内且历史文化价值和村落环境的生态价值都一般的社区，包括星村村及镇区、黎前村、黎源村、枫林村、巨口村、井水村和前兰村。应严格限定人口迁入和人口增长，限制土地和自然资源利用强度，应鼓励社区产业生态化和精细化，优化社区公共服务设施建设和访客服务设施。

#### 5.5.4.3　周边社区

周边社区指位于武夷山国家公园边界之外，且其生产生活与国家公园的生态保护、环境污染防治、基础设施建设等有直接或间接关联的社区，包括武夷山度假区及市区、江西铅山县、光泽县与邵武市。周边社区的管理政策包括规划协调、合作保护和旅游设施建设协调。

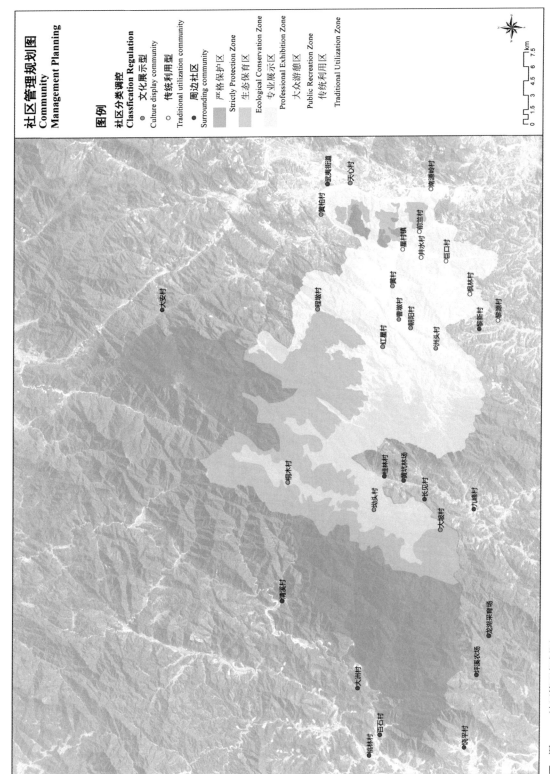

社区管理规划图
Community
Management Planning

图例

社区分类调控
Classfication Regulation

● 文化展示型
Culture display community

○ 传统利用型
Traditional utilization community

● 周边社区
Surrounding community

严格保护区
Strictly Protection Zone

生态保育区
Ecological Conservation Zone

专业展示区
Professional Exhibition Zone

大众游憩区
Public Recreation Zone

传统利用区
Traditional Utilization Zone

km
0  1.5  3  4.5  6  7.5

■ 图 5-6　社区管理规划图

| 社区的保护对象 | | 历史文化价值 |
|---|---|---|
| 桐木村 | 箐楼、古茶道、古茶园 | 世界红茶的发源地；寄植式茶文化景观价值 |
| 程墩村、红星村 | 古茶园 | 寄植式茶文化景观价值 |
| 曹墩村 | 街道历史格局 | 茶文化交流的见证 |
| 天心村 | 古茶园 | 福建乌龙茶的发源地；盆栽式茶文化景观价值 |

**文化展示型社区保护对象和价值一览表**　　　　表 5-11

在规划协调方面：其一，应将总体管理规划作为区域规划和区域生态系统规划的一个组成部分，鼓励周边社区参与到公园总体规划中，并且在国家公园管理规划中明确国家公园界外威胁及其处理措施。其二，需公园管理者及时与武夷山市、铅山县和光泽县的总体规划与土地利用规划相协调，对不利于公园价值保护地部分进行充分协调，并提出修改建议。国家公园周边社区包括武夷街道、武夷山度假区、武夷山市、武夷新区等的总体规划、美丽乡村建设和设施建设等需征得国家公园管理机构的审批同意。

在合作保护方面，与周边社区签订合作保护协议，共同保护国家公园周边的植被、动物、水体等自然资源和相关联的茶文化资源、理学文化资源；与社区及周边各利益相关方合作，将国家公园与其他保护地通过廊道联系在一起，建立保护地体系。

## 5.5.5　集体土地（林地）确权和分区处置

（1）集体土地（林地）确权登记

应在资源调查的基础上开展确权登记工作，对集体所有或有经营使用权利的土地（林地）的所有权主体、代表行使主体以及代表行使的权利内容等权属状况统一进行确权登记，划清不同集体所有者的边界[1]。

（2）集体土地（林地）分区处置方式

基于本研究的分区规划，各分区的功能定位、资源条件和保护管理要求不同，社区管理专项规划提出集体土地的分区处置。

针对位于严格保护区的集体土地（林地），应在充分征求其所有权人、承包权人的意见基础上，通过转让、出租、入股、抵押或者其他方式流转土地（林地），由武夷山国家公园管理机构统一管理，并给予相应补偿。

针对位于生态保育区的集体土地（林地），近期应由武夷山国家公园管理机构与村集体组织（村民）通过合作协议实现区域内土地资源的统一有效管理。远期通过转让、出租、入股、抵押或者其他方式流转土

---

1　依据《自然资源统一确权登记办法（试行）》（国土资发〔2016〕192号）第三条。

地（林地），并给予相应补偿。

针对位于游憩展示区、传统利用区的集体土地（林地），应通过与村集体签订共管协议，实现集体土地的统一规划和资源共管。

## 5.5.6 社区参与机制

### 5.5.6.1 原则

（1）明确社区居民参与的主体资格

在国家公园管理法规中应明确社区参与国家公园特许经营和保护管理的主体资格。加强社区的就业培训，培养社区的主人翁意识，国家公园的日常管护工作等优先社区居民就业，特许经营项目在同等竞争条件下优先考虑国家公园内的社区居民。

（2）加强社区参与的广度和深度

通过制度优化和体制改革，鼓励社区参与的积极性，拓展社区参与方式，加强社区参与的广度，同时应保障社区居民参与的深度，鼓励社区智慧促进国家公园决策。

### 5.5.6.2 参与特许经营

特许经营是指授权者以合同约定的形式，允许特许经营商有偿使用其名称、商标、专有技术、产品及运作管理经验等从事经营活动的商业经营模式。国家公园的特许经营，即国家公园管理机构在公园内利用一部分公园非核心资源，提供有助于公众享用国家公园自然与人文资源的有关设施或服务的经营模式。

（1）社区参与特许经营的形式

引导国家公园内的社区居民通过合资经营、合作经营或股份制等方式与国家公园相关机构之间建立合作关系，以资产、资金、技术或人员投入为联结纽带。资金充足的居民可采取入股或承包特许经营项目的模式；对拥有技术或资源的居民采取技术或资源入股的模式，按劳分红。此外，国家公园内的住宿接待、交通等特许经营项目优先社区居民就业。社区参与特许经营项目可能的形式、类型和条件详见表5-12。

（2）社区参与特许经营的监督管理

国家公园管理机构要与社区签订特许经营合同，针对社区参与的不同特许经营项目明确不同运营条件，规避项目运营期间产生的特殊问题。通过第三方监督机构，对社区承包的特许经营项目从价格监督、环境管理等方面进行定期（1年）监控和评估，使社区承包的特许经营项目与其他项目一样保持良性运营与发展。一旦发现经营主体已不具备经营项目的资格，管理机构应根据相应的方针政策警告经营方直至撤销其经营资格，终止特许经营合同。

社区参与特许经营项目可能性一览表                                                                   表 5-12

| 参与内容 | 参与形式 | 参与对象类型 | 社区参与条件 | | |
|---|---|---|---|---|---|
| | | | 体验资源（茶园等） | 剩余劳动力 | 教育水平 |
| 设施建设 | 旅游服务设施建设（餐饮、住宿等） | 乡镇企业、村集体、个体户等 | — | ● | ● |
| | 展览馆 | 乡镇、村集体 | ● | ● | ● |
| | 竹制品、茶叶相关手工艺品等的制作和售卖 | 乡镇企业、村集体、个体户等 | ● | ● | — |
| 访客服务 | 交通（车队、竹筏漂流等） | 乡镇企业、村集体、个体户、个人 | — | ● | — |
| | 向导 | | — | ● | ● |
| | 茶艺、茶道、祭茶仪式等活动表演 | | — | ● | ● |
| 环境与文化保护 | 传统民居、箐楼、古茶道、古茶园的普查登记、保护 | 村集体、家庭、个人 | ● | ● | ● |
| | 传统节庆（斗茶赛、庙会等） | | — | ● | ● |
| 文化交流 | 茶诗、茶歌创作与欣赏 | 俱乐部、家庭、个人 | — | ● | ● |
| | 品茶与悟茶 | | — | ● | ● |
| | 采茶与制茶 | | — | ● | ● |

### 5.5.6.3 参与保护管理

（1）建立社区共管委员会

在福建武夷山国家级自然保护区联合保护委员会的架构上，武夷山国家公园管理局牵头成立由国家公园周边县市乡镇政府、省地市（县）三级林业主管单位部门、江西省武夷山保护区等国家公园社区共管委员会，制定《社区共管公约》和《社区共管委员会章程》，协调开展保护区生物多样性保护和社区经济发展工作，对社区进行不定期考察并记录社区的保护行为，对于积极主动参与生态和资源环境保护的居民，颁发荣誉称号并给予资金奖励，保障社区参与的积极性。借鉴"联合保护委员会—联保小组—村、场"多级管理体系，在行政村、自然村分别设立社区共管委员会村委分会、社区共管村民小组，行使社区自然资源管理的决策、规划、实施、监督、收益和分配等。

（2）参与保护管理的内容和形式

积极引导国家公园的社区居民参与保护规划的制定与实施全过程，访客管理和生态公益岗位优先国家公园内的社区居民就业。社区参与保护管理的形式、对象要求和参与时间详见表 5-13。

社区参与保护项目一览表　　　　　　　　　　　　　　　　表 5-13

| 参与内容 | 参与形式 | 参与对象要求 | 参与时间 |
|---|---|---|---|
| 参与保护规划 | 参与国家公园的保护管理规划的编制与决策 | 村两委代表、村民代表、"社区共管委员会"成员等 | 规划制定与实施的全过程 |
| 参与访客管理 | 以全职工作或志愿者形式参与游客管理等工作 | 优先低收入人群，需参加就业培训 | 访客季 |
| 生态公益岗位 | 以全职工作或志愿者形式参与护林、巡山等工作 | | 全年 |

（3）建立社区共管自然资源管理制度

建立一套社区理解和接受的自然资源管理制度，签订《社区共管协议》，同意社区在相关政策要求与科学指导下与国家公园管理机构共同保护自然和文化资源。《社区共管协议》的基本内容包括：① 明确社区参与保护管理的主体资格，保障其以合法身份参与保护管理中。② 明确国家公园管理机构和社区在共管资源过程中的权利、责任和义务，社区应得到的收益或补偿。③ 明确社区共管自然资源的相关程序，包括确权登记、信息公开、咨询与听证会、参与人员的招聘和选举程序等。

### 5.5.6.4　参与保障机制

建立社区参与管理的保障机制，包括社区协商机制、信息畅通机制、利益分配机制、奖励机制和社区保障法规。

（1）社区协商机制

涉及国家公园建设、经营、资源管理、社区管理和利益分配等重大事宜，应充分征求原住民及涉及到的社区居民的意见，建立重大事项社区协商机制。

（2）信息畅通机制

采取多种沟通方式向社区宣传国家公园管理的方针政策和基本知识，国家公园建设、经营、管理的整个过程应保证社区的知情权。

（3）利益分配机制

应在以下方面保障社区利益的分配：国家公园特许经营在同等条件下应优先向社区倾斜，国家公园资源保护、环卫等工作优先向社区提供机会。鼓励社区通过多劳多得从国家公园的管理、经营和游客服务等工作中获益。社区参与国家公园的资源管理、游客服务等工作需符合国家公园相关规划、管理计划和政策法规，不得在政策框架之外开展独立于国家公园管理制度之外的经营活动。

（4）奖励机制

设立社区奖补基金等，对积极参与并在保护管理、特许经营中做出贡献的社区或个人给予适当的奖励并授予荣誉证书。

（5）社区保障法规

社区参与保护管理和特许经营的保障机制包括社区协商机制、信息畅通机制、利益分配机制、奖励机制，应通过法规条约予以明确规定，以保障社区的主体资格和相关权益。

## 5.6 监测规划

### 5.6.1 监测现状

现状的监测系统主要包括武夷山市进行的环境监测、社区监测、文物监测，武夷山风景名胜区进行的巡更巡查系统、游客监测、森林防火监测，福建省武夷山国家级自然保护区进行的生态系统监测、森林防火监测，世界遗产地组织进行的专家定期考察监测。

武夷山市环保局对遗产地内的水质和大气进行监测。水质监测站站点位于九曲溪上游位置曹墩村，大气监测站站点位于福建省武夷山国家级自然保护区的笔架山摩天岭[1]。武夷山市统计局年鉴中，有对遗产地范围内的社区人口（常住人口、人口迁入迁出、出生率等）、经济发展水平、产业结构、耕地面积及分布、就业情况等的监测数据。武夷山市文物与文化遗产管理所，对遗产地内文物数量、文物保护状况进行统计和监测。

武夷山风景名胜区对风景区范围内的游客进行监测。监测内容包括游客总量、各个景点的游客分布监测和游客满意度。通过售票房的出票总数控制日游客总量，在监控中心统一调控、调度各个景点的门票数量，引导游客进入压力较小的同类景区[2]。并在景区内进行森林防火系统布置，设有电子与人工的双重监控，并设置森林火险指挥中心。

福建省武夷山国家级自然保护区主要进行生态系统和物种多样性监测，主要依托其中的生态定位观察站进行。主要研究武夷山中亚热带常绿阔叶树森林生态系统中的水分循环、水土保持、森林植被能量转化、生物生产力等，并对大气变化、水质变化、野生动物（主要针对珍稀濒危种群，如鬣羚等）、植物与生境、生境恢复和环境因子进行监测[3]。设立防火监控，设立"远程数字化监控与管护平台"、6个哨卡视频监控

1 袁兴旺，陈前火. 武夷山大气环境背景值监测点位的选择 [J]. 中国环境监测，2006（03）:49-50.
2 《福建省武夷山国家级风景名胜区总体规划（2011-2020）》。
3 《福建省武夷山国家级自然保护区总体规划（2001-2010）》；新版规划已审批通过，但无法获得。

点和流动侦察队和防火指挥中心。

武夷山世界文化遗产保护管理委员会和武夷山世遗执法大队对遗产地范围内进行游动巡查[1]，并定期邀请专家对资源进行考察监测[2]。

## 5.6.2　总体思路

监测规划总体分为价值监测、访客体验监测、解说教育监测和社区发展监测4大类。

（1）价值监测方面，基于价值分析，针对每一项价值的载体、影响因素、保护管理措施实施制定相应的监测指标，使监测结果能够更好地反映价值保护状态，并指导价值保护。

（2）访客体验监测方面，针对不同类型的访客体验机会、影响因素制定相应的监测指标，使监测结果能够更好地反映访客体验水平，并指导访客体验管理。

（3）解说教育监测方面，针对不同的解说教育方式制定相应的监测指标，使监测结果更好地反映解说教育实施水平，指导解说教育开展。

（4）社区发展监测方面，针对不同的社区分类制定相应的监测指标，更好的反映社区管理状况，指导社区管理。

## 5.6.3　监测指标

### 5.6.3.1　价值监测

价值监测包括地质地貌价值监测、生态系统价值监测、生物多样性价值监测、朱子理学价值监测、茶文化价值监测和审美价值监测6个子系统。各项价值监测将考虑监测载体、影响因素、指标以及相关的管理措施，建立监测体系，在对比现状的监测系统后，本研究给出建议的监测方式、周期及监测点位。同时，本研究试图将监测指标与价值、载体、载体的影响因素和保护管理措施建立具体联系，为管理者理解监测指标的具体目的和指向提供方便。详见表5-14。

### 5.6.3.2　访客体验监测

规划共5个监测指标。由国家公园试点区负责访客管理的部门组织开展监测和结果汇总。主要监测方式是问卷、访谈、统计，监测点主要位于专业展示区、大众游憩区。现状对于访客满意度、访客投诉率有相关监测，对体验丰富度、体验原始度、游览设施建设运营完善度的监测有待补充。访客体验监测指标详见表5-15。

1　武夷山大新闻网．金文莲，黄荣臻，2011.

2　朱水涌．武夷山世界文化遗产的监测与研究
　　[M]．厦门：厦门大学出版社，2005.

**价值监测指标一览表**　　　　　　　　　　　　　　　　　　　　　　　　表 5-14

| 类型 | 监测指标 | 监测方式 | 监测周期 | 与现有监测指标关系 | 监测点所属分区 | 载体 | 影响因素 | 保护管理措施 |
|---|---|---|---|---|---|---|---|---|
| 地质地貌价值监测 | 丹霞地貌完整度 | 遥感（监测内容包括面积、数量等） | 一年一次（冬季进行，观察建设状况） | 新增 | 丹霞地貌分布区涉及严格保护区，生态保育区，游憩展示区 | 丹霞地貌群地貌特征 | （1）丹霞地貌分布区域的城市建设；（2）景区建设；（3）社区村民建设；（4）访客不当行为破坏 | （1）分区规划；（2）与城市总规协调；（3）控制建设；（4）建立健全访客管理措施； |
| | 丹霞地貌群重要观景点的视觉景观特征 | 定位照片电子眼管理巡查 | 一季度一次实时监测不定期监测 | 新增 | 丹霞地貌分布区涉及严格保护区，生态保育区，游憩展示区 | | | |
| | 丹霞地貌区建筑物与构筑物（包括道路）建设面积、位置 | 遥感定位照片 | 一年一次（冬季进行，观察建设状况）一季度一次 | 新增 | 丹霞地貌分布区涉及严格保护区，生态保育区，游憩展示区 | | | |
| | 违章房屋拆除状况 | 统计遥感 | 一年一次一年一次 | 完善新增 | 所有分区 | | | |
| | 九曲溪流域水土保持状况（包括森林覆盖率） | 遥感 | 一年一次 | 新增 | 九曲溪流域，覆盖所有类型的分区 | 九曲溪流域地貌特征 | （1）社区村民不当的生产活动；（2）访客不当行为 | （1）村民生产活动引导措施；（2）建立健全访客管理措施 |
| | 九曲溪沿岸景观效果 | 定位照片自动水文水质监测 | 一季度一次实时监测每月监测 | 新增 | 九曲溪流域，覆盖所有类型的分区 | | | |
| | 森林火灾监控（包括火烧地面积和范围） | 森林防火野外视频监控基站实地勘测 | 实时监控 | 完善 | 全域 | | | |
| | 茶山面积 | 遥感与勘测结合 | 一年一次 | 完善 | 游憩展示区 | | | |
| | 违章茶山退茶还林状况 | 统计遥感 | 一年一次一年一次 | 完善新增 | 所有分区 | | | |
| | 森林火灾监控系统管理状况 | 系统测试/演习 | 一年一次 | 新增 | — | | | |
| | 动植物化石数量与分布 | 人工统计定位照片 | 一年一次 | 新增 | 化石分布地位于游憩展示区 | 动植物化石 | 游客采集行为 | 访客行为管理 |
| | 访客采集行为 | 电子眼数字化监测 | 实时监测，每月统计 | 完善 | 游憩展示区 | | | |
| 生态系统价值监测 | 生态系统类型及面积 | 遥感影像分析 | 一年一次 | 完善 | 所有分区 | 武夷山森林生态系统完整性 | （1）居民生产活动造成本地环境质量下降；（2）社区发展建设导致林地面积缩减 | 分区规划、生态保育、生态修复、社区产业发展引导 |
| | 土地覆盖类型 | 遥感影像分析 | 两年一次 | 完善 | 所有分区 | | | |
| | 土壤性能（包括表层厚度和N、P、K的平均含量） | 定时、定点野外调查 | 半年一次 | 新增 | 所有分区 | | | |
| | 大气污染物含量 | 定时、定点采样分析 | 一月一次 | 完善 | 所有分区 | | | |

续表

| 类型 | 监测指标 | 监测方式 | 监测周期 | 与现有监测指标关系 | 监测点所属分区 | 载体 | 影响因素 | 保护管理措施 |
|---|---|---|---|---|---|---|---|---|
| 生态系统价值监测 | 流域治理面积 | 审批项目统计 | 一年一次 | 完善 | 生态保育区、游憩展示区、传统利用区 | 武夷山森林生态系统完整性 | （1）居民生产活动造成本地环境质量下降；（2）社区发展建设导致林地面积缩减 | 分区规划、生态保育、生态修复、社区产业发展引导 |
| | 退耕还林面积 | 遥感影像分析 | 一年一次 | 完善 | 游憩展示区、传统利用区 | | | |
| | 生态公益林面积 | 审批统计 | 一年一次 | 完善 | 所有分区 | | | |
| 生物多样性价值监测 | 物种多样性普查 | 野外调查 | 五年或十年一次 | 完善 | 所有分区 | 物种多样性 | （1）生产、建设活动造成物种栖息地面积减少；（2）外来物种入侵引发的生态安全危机 | 分区规划、物种保育、生物防治、社区科普宣教 |
| | 旗舰种、伞护种、关键种定期巡查 | 野外调查 | 每周两次左右 | 完善 | 所有分区 | | | |
| | 建设用地、农用地、茶田面积 | 遥感影像分析、审批项目统计、测绘 | 一年一次 | 完善 | 游憩展示区、传统利用区 | | | |
| | 新增外来物种数量 | 野外调查 | 两年一个周期 | 新增 | 生态保育区、游憩展示区、传统利用区 | | | |
| | 生态廊道建设面积 | 遥感影像分析、审批项目统计 | 一年一次 | 新增 | 生态保育区、游憩展示区、传统利用区 | | | |
| | 退耕还林面积 | 遥感影像分析 | 一年一次 | 完善 | 游憩展示区、传统利用区 | | | |
| | 水源涵养地恢复面积 | 遥感影像分析、审批项目统计 | 一年一次 | 新增 | 生态保育区、游憩展示区、传统利用区 | | | |
| | 生物防治工程实施数量 | 审批项目统计 | 一年一次 | 新增 | 生态保育区、游憩展示区、传统利用区 | | | |
| | 科教项目实施数量 | 审批项目统计 | 一年一次 | 完善 | 游憩展示区、传统利用区 | | | |
| 朱子理学价值监测 | 朱子理学相关书院、祠堂、陵墓等载体真实性 | 测绘、统计、遥感影像监测 | 一年一次 | 完善 | 专业展示区、大众游憩区 | 朱子理学相关书院、祠堂、陵墓等载体 | 设施建设 | 朱子理学相关书院、祠堂、陵墓等载体 |
| | 改建、扩建、重修、新建项目的次数、规模 | 统计 | 一年一次 | 完善 | 专业展示区、大众游憩区 | | | |
| | 日常维修的频率 | 统计 | 一年一次 | 完善 | 专业展示区、大众游憩区 | | | |
| | 石刻本体情况 | 裂隙监测、位移沉降监测、物理性能监测 | 实时监测，每月统计一次 | 完善 | 专业展示区、大众游憩区 | 朱子理学相关摩崖题刻 | 自然风化 | 朱子理学相关摩崖题刻 |
| | 日常维修的频率 | 统计 | 一年一次 | 完善 | 专业展示区、大众游憩区 | | | |

续表

| 类型 | 监测指标 | 监测方式 | 监测周期 | 与现有监测指标关系 | 监测点所属分区 | 载体 | 影响因素 | 保护管理措施 |
|---|---|---|---|---|---|---|---|---|
| 茶文化价值监测 | 茶文化景观载体真实性 | 测绘、统计、遥感影像分析 | 一年一次 | 完善 | 游憩展示区、传统利用区 | 茶文化相关的文物古迹 | (1)自然灾害;(2)人为破坏;(3)影响历史文化氛围的设施建设;(4)茶产业化发展和机械化生产 | (1)开展调查研究;(2)划定保护范围,提升保护级别 |
| | 自然灾害的次数和对文物古迹的影响 | 统计、访谈 | 半年一次 | 完善 | 游憩展示区、传统利用区 | | | |
| | 茶文化相关的文物古迹调查进度 | 访谈 | 一年一次 | 增加 | 所有分区 | | | |
| | 遗址复建或恢复展示的数量 | 统计 | 一年一次 | 完善 | 游憩展示区、传统利用区 | | | |
| | 传统种茶和制茶的个体户或茶企数量 | 统计、问卷调查 | 一年一次 | 完善 | 游憩展示区、传统利用区 | | | |
| | 茶文化景观典型特征保存情况 | 定点定时拍照 | 一季度一次 | 增加 | 生态保育区、游憩展示区、传统利用区 | 茶文化景观 | (1)自然灾害;(2)违规茶山开垦 | (1)茶园整治;(2)分区管控 |
| | 自然灾害的次数和对文物古迹的影响 | 统计、访谈 | 半年一次 | 完善 | 游憩展示区、传统利用区 | | | |
| | 违规茶山的整治面积 | 遥感影像分析 | 一年一次 | 完善 | 所有分区 | | | |
| 审美价值监测 | 审美资源点数量和位置 | 定点定时拍照、视频监控、统计 | 一周一次 | 完善 | 生态保育区、专业展示区、大众游憩区、传统利用区 | 各类审美资源点 | (1)旅游利用;(2)设施建设;(3)社区建设;(4)城市扩张 | (1)访客管理;(2)设施建设规划和管理;(3)社区协调 |
| | 访客规模 | 视频监控、统计 | 一月一次 | 新增 | 生态保育区、专业展示区、大众游憩区、传统利用区 | | | |
| | 审美体验区域景观和谐度 | 定点定时拍照、视频监控、统计 | 一周一次 | 新增 | 生态保育区、专业展示区、大众游憩区、传统利用区 | 审美体验区域和环境氛围 | | |
| | 设施拆迁、环境整治 | 统计 | 一年一次 | 完善 | 生态保育区、专业展示区、大众游憩区、传统利用区 | | | |

注:表中颜色示意　载体状态指标　影响因素指标　措施实施指标

**访客体验监测指标一览表** 表 5-15

| 监测指标 | 监测方式 | 监测周期 | 监测标准 | 监测点所属分区 | 监测点所属分区 | 访客体验机会类型 | 主要存在的问题 | 规划保护管理措施 |
|---|---|---|---|---|---|---|---|---|
| 体验丰富度 | 问卷、访谈、统计 | 一季度一次 | 是否运营了 9 种体验线路类别（机动车Ⅰ类、机动车Ⅱ类、机动车Ⅲ类；步行游Ⅰ类、步行游Ⅱ类、步行游Ⅲ类；水上游Ⅰ类、水上游Ⅱ类、水上游Ⅲ类）和 17 条体验线路 | 新增 | 专业展示区、大众游憩区 | Ⅰ类体验机会和线路、Ⅱ类体验机会和线路 | 体验丰富度不够 | 增加体验类型 |
| 体验原始度 | 问卷、访谈、统计 | 一季度一次 | 体验一天遇到的团队小于 3 个；团队规模小于 10 人 | 新增 | 专业展示区 | Ⅲ类体验机会和线路 | 体验原始度需要保证 | 控制访客规划、团队大小、访问时间和线路 |
| 访客满意度 | 问卷、访谈、统计 | 一季度一次 | 访客满意度达到 90% | 完善 | 专业展示区、大众游憩区 | Ⅰ类体验机会和线路、Ⅱ类体验机会和线路、Ⅲ类体验机会和线路 | 体验丰富度不够、无法保证体验的原始度 | 增加体验类型、控制访客规划、团队大小、访问时间和线路 |
| 访客投诉率 | 统计 | 一月一次 | 访客投诉率低于 0.5% | 完善 | 专业展示区、大众游憩区 | | | |
| 游览设施建设运营完善度 | 统计 | 一年两次 | 达到国家公园游览设施规划的要求 | 新增 | 专业展示区、大众游憩区 | | | |

注：表中颜色示意 ☐ 状态指标 ☐ 问题指标 ☐ 措施实施指标

#### 5.6.3.3 解说教育监测

规划共 4 项监测指标。由国家公园试点区负责解说教育的部门组织开展监测和结果汇总。主要监测方式是问卷、访谈、统计，监测点主要位于专业展示区和大众游憩区。现状对于访客满意度、访客投诉率有相关监测，对解说人员类型完整度、自导式解说类型完整度、解说知识点掌握程度、覆盖解说主题程度的监测有待补充，详见表 5-16。

#### 5.6.3.4 社区管理监测

规划共 14 项指标，包括载体指标 5 个，影响因素指标 2 个，措施实施指标 7 个。负责组织开展监测和监测结果汇总的部门是国家公园的社区管理相关部门。主要监测方式是统计、访谈和遥感影像分析，监测点主要位于国家公园内的社区和周边社区。社区管理监测指标详见表 5-17。

**解说教育监测指标一览表**                                                                                        表 5-16

| 监测指标 | 监测方式 | 监测周期 | 监测标准 | 与现有监测指标关系 | 监测点所属分区 | 主要存在问题 | 规划保护管理措施 |
|---|---|---|---|---|---|---|---|
| 解说类型与内容完整度 | 统计 | 一年一次 | 解说人员具有以下 5 种：展示陈列驻点解说员、巴士带队解说员、专项体验线路领队、私家车讲解员、环境教育课程领队；<br>自导式解说具有以下 9 种：网站、微信公众号、短片、宣传折页、解说手册、解说牌系统、出版物、手机 APP 导航系统、多功能数字导游仪；<br>展示陈列内容覆盖以下国家公园 5 种核心价值：地质地貌、生态系统、生物多样性、朱子理学、茶文化 | 新增 | 专业展示区、大众游憩区 | （1）解说人员类型不全；观光游解说质量不高（2）自导式解说类型不够丰富，利用率不高（3）展示陈列馆利用率不高，丰富性和区位性有待加强 | （1）增加人员解说类型、建立规范化的人员解说制度（2）丰富自导式解说类型和质量（3）近期应完成素材积累等工作，远期加强展示陈列方式的丰富性并提高质量 |
| 访客满意度 | 问卷、访谈、统计 | 一季度一次 | 访客满意度达到90% | 完善 | 专业展示区、大众游憩区 | | |
| 解说知识点掌握程度 | 问卷、统计 | 一季度一次 | 访客对于提供知识点的掌握程度达到60%理解 | 新增 | 专业展示区、大众游憩区 | | |
| 解说主题覆盖程度 | 问卷、访谈、统计 | 一季度一次 | 实际解说教育覆盖国家公园解说规划提出主题和知识点的80% | 新增 | 专业展示区、大众游憩区 | | |

注：表中颜色示意　　状态指标　　问题指标　　措施实施指标

**社区管理指标一览表**                                                                                          表 5-17

| 监测指标 | 监测方式 | 监测周期 | 与现有监测指标关系 | 监测点所属分区 | 社区分类 | 主要存在问题 | 规划保护管理措施 |
|---|---|---|---|---|---|---|---|
| 人口基本信息 | 统计 | 一年一次 | 完善 | 所有社区 | 所有社区 | 参与度不足；补偿机制不完善；缺乏产业引导 | 社区参与；社区补偿；社区产业引导 |
| 人均用地面积（土地、林地茶园、建设用地） | 统计、遥感影响分析 | 一年一次 | 增加 | 所有社区 | | | |
| 社区居民从事国家公园相关工作的比例与主要类型 | 统计 | 一年一次 | 增加 | 国家公园内的社区 | | | |
| 集体土地（或林地）流转的面积 | 统计 | 一年一次 | 增加 | 国家公园内的社区 | | | |
| 生态补偿现状（受补偿的社区的数量、补偿资金的来源、补偿标准、补偿方式的类型） | 统计、访谈和问卷调查 | 一年一次 | 增加 | 国家公园内的社区 | | | |
| 签订共管协议的社区数量 | 统计 | 一年一次 | 增加 | 国家公园内的社区 | | | |
| 参与国家公园特许经营的社区数量 | 统计 | 一年一次 | 增加 | 国家公园内的社区 | | | |
| 社区能力培训次数 | 统计 | 一年一次 | 增加 | 国家公园内的社区 | | | |

| 监测指标 | 监测方式 | 监测周期 | 与现有监测指标关系 | 监测点所属分区 | 社区分类 | 主要存在问题 | 规划保护管理措施 |
|---|---|---|---|---|---|---|---|
| 国家公园友好产品体系建设进度 | 访谈 | 一年一次 | 增加 | 国家公园内的社区 | | 参与度不足；补偿机制不完善；缺乏产业引导 | 社区参与；社区补偿；社区产业引导 |
| 违规茶山面积 | 统计、遥感影响分析 | 一年一次 | 完善 | 国家公园内的社区 | 文化展示型 | 土地和自然资源利用强度高；局部地区的设施建设和茶山复垦影响生态环境 | 鼓励社区参与；严格控制人口规模、设施建设和茶山复垦 |
| 违章建设面积 | 统计、遥感影响分析 | 一年一次 | 增加 | 国家公园内的社区 | | | |
| 参与历史文化保护、传承和解说教育的社区居民人数 | 统计和访谈 | 一年一次 | 增加 | 文化展示型社区 | | | |
| 公共设施完善进度 | 统计、遥感影响分析 | 一年一次 | 增加 | 国家公园内的社区 | 传统利用型 | 土地和自然资源利用强度高，公共设施不完善 | 严格控制人口规模、设施建设和茶山复垦 |
| 周边社区旅游服务设施新建情况（类型、用地布局和数量） | 统计、遥感影响分析 | 一年一次 | 增加 | 周边社区 | 周边社区 | 土地利用和设施建设和对国家公园的生态保护的完整性存在潜在威胁 | 规划协调、合作保护和旅游设施建设协调 |

注：表中颜色示意　　　状态指标　　　问题指标　　　措施实施指标

## 5.6.4　监测机制

武夷山国家公园管理机构应设置专门机构组织协调资源价值监测、访客体验监测、解说教育监测和社区管理监测，统筹武夷山国家公园的内部监测流程。此外，应加强与国内科研、监测机构和规划单位的合作。

武夷山国家公园的内部监测流程包括 5 个环节：（1）监测项目与指标系统指定；（2）分类数据监测与初步分析；（3）监测基础数据统一收集、资料存档；（4）监测数据深入分析；（5）制定综合监测报告及部分成果公开、反馈至保护管理和决策。5 个环节形成监测 – 反馈机制。

根据监测的实际操作或新发现的问题可修正和调整监测指标，进一步形成新的监测 – 反馈循环。调整监测指标和频率示例：（1）体现茶文化价值的历史茶叶集散地的街道格局因自然灾害或其他原因受到严重的破坏，则监测指标应增加对街道格局整治情况的指标，并根据整治项目的周期设置检测频率。（2）监测社区的用地变化时发现违规茶园的整治效果明显，但生态恢复缓慢，可增加违规茶园的生态恢复状态指标，包括土壤状态指标、水土保持能力指标、植被生长情况。